"双高"建设规划教材

高职高专"十四五"规划教材

冶金工业出版社

中厚板轧制

主　编　杨晓彩　张景进　赵晓萍
副主编　李秀敏　李　爽　陈　涛
　　　　高云飞　杨　彬　韩晓威

北　京
冶金工业出版社
2023

内 容 提 要

本书共分为 10 章，涉及中厚板生产的全流程，其中轧制、矫直、剪切等岗位加入虚拟仿真实训，为学生提供实训技能训练。书中配套了丰富的教学微视频、案例资料、测试题、多媒体课件、实训实习等资源，不仅方便使用移动设备进行学习，也可满足教材内容及时更新和学生自主学习的需要。

本书可作为职业院校金属压力加工、智能轧钢技术、材料成型及控制工程、金属材料工程等相关专业的新形态一体化教材，也可供钢铁生产企业中从事中厚板生产的相关从业人员参考。

图书在版编目 (CIP) 数据

中厚板轧制/杨晓彩，张景进，赵晓萍主编 .—北京：冶金工业出版社，2023.5

"双高"建设规划教材

ISBN 978-7-5024-9300-4

Ⅰ.①中… Ⅱ.①杨… ②张… ③赵… Ⅲ.①中板轧制—厚板轧制—高等职业教育—教材 Ⅳ.①TG335.5

中国版本图书馆 CIP 数据核字（2022）第 189200 号

中厚板轧制

出版发行	冶金工业出版社	电　　话	(010)64027926
地　　址	北京市东城区嵩祝院北巷 39 号	邮　　编	100009
网　　址	www.mip1953.com	电子信箱	service@ mip1953.com

责任编辑　杜婷婷　马媛馨　美术编辑　吕欣童　版式设计　郑小利
责任校对　石　静　责任印制　窦　唯
三河市双峰印刷装订有限公司印刷
2023 年 5 月第 1 版，2023 年 5 月第 1 次印刷
787mm×1092mm　1/16；15 印张；364 千字；226 页
定价 49.00 元

投稿电话　(010)64027932　投稿信箱　tougao@cnmip.com.cn
营销中心电话　(010)64044283
冶金工业出版社天猫旗舰店　yjgycbs.tmall.com
（本书如有印装质量问题，本社营销中心负责退换）

"双高"建设规划教材

编委会

主　任	河北工业职业技术大学	付俊薇
	河北工业职业技术大学	韩提文
副主任	河北工业职业技术大学	袁建路
	河北工业职业技术大学	马保振
委　员	河北工业职业技术大学	董中奇
	河北工业职业技术大学	黄伟青
	河北工业职业技术大学	孟延军
	河北工业职业技术大学	张树海
	河北工业职业技术大学	刘燕霞
	河北工业职业技术大学	石永亮
	河北工业职业技术大学	杨晓彩
	河北工业职业技术大学	曹　磊
	山西工程职业学院	郝纠纠
	山西工程职业学院	史学红
	莱芜职业技术学院	许　毅
	包头钢铁职业技术学院	王晓丽
	吉林电子信息职业技术学院	秦绪华

天津工业职业学院	张秀芳
天津工业职业学院	林　磊
邢台职业技术学院	赵建国
邢台职业技术学院	张海臣
新疆工业职业技术学院	陆宏祖
河钢集团钢研总院	胡启晨
河钢集团钢研总院	郝良元
河钢集团石钢公司	李　杰
河钢集团石钢公司	白雄飞
河钢集团邯钢公司	高　远
河钢集团邯钢公司	侯　健
河钢集团唐钢公司	肖　洪
河钢集团唐钢公司	张文强
河钢集团承钢公司	纪　衡
河钢集团承钢公司	高艳甲
河钢集团宣钢公司	李　洋
河钢集团乐亭钢铁公司	李秀兵
河钢舞钢炼铁部	刘永久
河钢舞钢炼铁部	张　勇
首钢京唐钢炼联合有限责任公司	王国连
河北纵横集团丰南钢铁有限公司	王　力

前　言

根据河北工业职业技术大学"双高"建设中智能轧钢技术专业的教材编制计划安排和课程改革的要求，编者在目前教材内容的基础上，通过与企业专家和技术能手等工程技术人员研讨，并参照国家智能轧钢技术专业的教学标准和职业技能标准，对教学内容进行优化。本书中编入了大量的数字化资源，以激发学生的学习兴趣，培养学生的自主学习能力。此外，书中融入了虚拟仿真的实训操作，使学与做融为一体，理论与实践相结合，帮助学生校内学习与实际工作的一致性和连贯性。

本书主要面向中厚板生产，以中厚板生产的轧制、精整过程为对象，传授轧钢、精整岗位专业知识和操作技能，培养学生职业素养。本书可作为金属压力加工、智能轧钢技术、材料成型及控制工程、金属材料工程等相关专业课教材，对从事有关中厚板生产的工程技术人员和现场操作人员也有参考价值。

本书由河北工业职业技术大学杨晓彩、张景进、赵晓萍担任主编，河北工业职业技术大学李秀敏、李爽、陈涛、高云飞、杨彬及中钢石家庄工程设计研究院韩晓威担任副主编，参加编写的人员还有河北工业职业技术大学刘燕霞、戚翠芬、陈敏、种雪颖、赵锦辉、付菁媛、白玉伟、石永亮、张保玉、王文涛、张伟、赵立蕊，山东钢铁集团日照有限公司韩力强，石家庄钢铁有限责任公司李双居，河钢集团邯钢公司王紫雷、裴虎。全书由河北钢铁集团邯钢公司杨振东担任主审。

本书在编写过程中，得到了北京金恒博远科技股份有限公司、山东星科智能科技有限公司等单位的大力支持，在此表示衷心的感谢。在编写过程中，编者参阅了同行著作和文献，在此向相关作者一并表示衷心的感谢。

由于编者水平所限，书中不妥之处，诚望读者批评指正。

编　者

2022 年 11 月

目　录

1 中厚板生产概论

1.1 中厚板的定义

中厚板是重要的钢材品种，一般占钢材总产量的10%左右。中厚板广泛应用于基础设施建设，如造船、工程机械、容器、能源、建筑等各行各业，在国民经济建设中占有重要的地位。

钢板是矩形平板状，可直接轧制或由宽钢带剪切而成，与钢带合称为板带钢。

板带钢按产品厚度一般可分为厚板和薄板两类。根据《钢产品分类》（GB/T 15574—2016）的规定：厚度不大于3mm的称为薄板，厚度大于3mm的称为厚板。

按照习惯，厚板按厚度还可以分为中板、厚板、特厚板。厚度为4~20mm的钢板称为中板，厚度介于20~60mm的钢板称为厚板，厚度大于60mm的钢板称为特厚板。有些地方习惯上把中板、厚板和特厚板统称为中厚钢板。

按《热轧钢板和钢带的尺寸、外形、重量及允许偏差》（GB/T 709—2019）规定，钢板的尺寸范围：钢板公称厚度3~400mm；钢板公称宽度600~4800mm；钢板公称长度2000~20000mm；钢板的公称厚度在上述规定范围内，厚度小于30mm的钢板按0.5mm倍数的任何尺寸；厚度不小于30mm的钢板按1mm倍数的任何尺寸。钢板的公称宽度在上述规定范围内，按10mm或50mm倍数的任何尺寸。钢板的长度在上述规定范围内，按50mm或100mm倍数的任何尺寸。根据需方要求，经供需双方协议，可以供应推荐公称尺寸以外的其他尺寸的钢板。

1.2 中厚板的分类

1.2.1 按用途分类

中厚板钢种按用途分类主要有碳素结构钢、低合金结构钢、船体及海洋工程结构用钢、锅炉钢、压力容器用钢、多层高压容器用锅、桥梁钢、汽车大梁用钢、管线钢、工具钢，以及一些特殊用途钢等。

（1）结构钢：主要用于机器结构和建筑结构。

（2）造船钢板：用于制造海洋及内河船船体，要求强度、塑性、韧性、冷弯性能、焊接性能、耐蚀性能都好。各国的船级社对造船钢板有不同的要求，经过不断的演变，由于船舶是在世界海域或内河流域内航行，遇有损坏需要就地修复，加之国际贸易的需要，目前船板的有关要求已发展成为一个国际性的标准。

（3）海上采油平台用钢：采油平台用钢始于19世纪末，20世纪40年代开始大型化，1974年开始使用钢质平台，1979年已迅速发展，它由船用钢移植而来。这类钢的要求，除强度外尚有韧性、可焊性、疲劳性、耐蚀性、抗层状撕裂等方面性能要求。

（4）锅炉钢：用于制造各种锅炉及重要附件，由于锅炉钢板处于中温（350℃以下）高压状态下工作，除承受较高压力外，还受到冲击、疲劳载荷及水和气腐蚀，要求保证一定强度，还要有良好的焊接及冷弯性能。主要钢号有20g、16Mng、12Cr1MoVg等。

（5）压力容器用钢：主要用于制造石油、化工气体分离和气体储运的压力容器或其他类似设备，一般工作压力为常压到32MPa甚至到63MPa，工作温度在-20~450℃范围内，要求容器钢板除具有一定强度和良好塑性和初性外，还必须具有较好的冷弯和焊接性能。主要钢号有20R、16MnR、14Cr1MoR、15CrMoR等。

（6）桥梁钢：用于大型铁路桥梁，要求承受动载荷、冲击、振动、耐蚀等。主要钢号有Q235q、Q345q、Q420q等。

（7）汽车大梁钢：用于制造汽车大梁（纵梁、横梁），一般为厚度2.5~12.0mm的低合金热轧钢板。由于汽车大梁形状复杂，除要求较高强度和冷弯性能外，还要求冲压性能良好。

（8）管线钢：用于生产输送石油、天然气等的大口径焊接钢管。管线钢在使用过程中，除要求具有较高的耐压强度外，还要求具有较高的低温性和优良的焊接性能。主要钢号有X65、X70、X80等。

（9）工具钢：主要用于制造各种刀具、模具及量具等，包括碳素工具钢、合金工具钢、高速工具钢及模具钢等。

（10）特殊用途钢：包括轴承钢、弹簧钢、焊接用钢、不锈钢、耐热钢、电磁钢、高电阻电热合金钢、精密合金钢、耐候钢及军工用钢等。

（11）中厚板应用领域广，品种繁多，使用温度区域大（-200~600℃），使用环境复杂（耐候性、耐蚀性等），使用要求高（强韧性、焊接性等）。

1.2.2 按性能分类

按屈服强度等级，中厚板钢种一般可分为普通强度级别钢，屈服强度在275MPa以下；低合金高强度钢，屈服强度在275~460MPa之间；超过460MPa的一般称为超高强度钢。

1.2.3 按组织分类

中厚板种按使用状态在光学显微镜下主体相组成可分为铁素体珠光体钢、贝氏体钢、超低碳贝氏体钢、针状铁素体钢、马氏体钢和双相钢。

1.2.3.1 铁素体珠光体钢

传统低合金高强度中铁素体-珠光体钢几乎占世界各国钢牌号的3/4，这类钢在光学显微镜下观察，典型结构为片层状的球光体和多边形的铁素体组成，珠光体量在10%~25%，铁素体量在75%~90%，相当于钢中碳含量为0.10%~0.20%。在工业用钢中均含有一定数量的锰，可以消除或减弱因硫所引起的热脆性，形成固溶体，起到固溶强化作用；同时，它还可以降低临界温度，细化钢的组织，加入微合金元素，采用控轧控冷工艺，使组织细化，从而提高钢的强韧性。一般用途的建筑结构钢和量大面广的焊接结构钢多数是铁素体+珠光体钢，屈服点在 300~400MPa。多数又是在热轧状态下交付使用，部分经退火或正火热处理。退火的目的在于消除内应力，改善钢的切削和冷加工性能；正火的目的在于组织均匀性和细化。

1.2.3.2　贝氏体钢

贝氏体钢的研制开始于 20 世纪 40 年代末，最先为英国开发的贝氏体钢，经正火后具有 460MPa 的屈服强度和良好的延展性，但是因碳含量较高使低温冲击韧性太低，限制了推广应用。解决的办法是降碳，加入 Mn、Cr、Mo 等微合金化元素，同时采用控制轧制技术，从而开发出一系列低碳贝氏体钢种。这类钢的碳含量（质量分数）多数控制在 0.16% 以下，最多不超过 0.20%。由于低碳贝氏体组织比相同碳含量的铁素体+珠光体钢具有更高的强度，因此，低碳贝氏体钢种的研发将成为强度为 450~800MPa 级别钢种的主要途径。

贝氏体钢有上贝氏体、下贝氏体和粒状贝氏体之分。贝氏体的力学性能主要取决于其组织形态。上贝氏体形成温度较高，主要形态为成束分布，平行排列的铁素体和夹于其间的断续的条状渗碳体的混合物。铁素体较大，碳的过饱和度低，因而强度和硬度较低。另外，碳化物颗粒粗大，且呈断续状分布于铁素体条间，铁素体条和碳化物的分布具有明显的方向性，这种组织状态使得铁素体条间易于产生脆断，所以一般上贝氏体的韧性较低，因此，在工程材料中一般应避免上贝氏体组织的形成。

下贝氏体一般呈针状或竹叶状，针与针之间呈一定的角度，下贝氏体中铁素体针细小、分布均匀，在铁素体内又有沉淀，析出的弥散的碳化物，而且铁素体内含有过饱和的碳及较高密度的位错，因此下贝氏体不但强度高，而且韧性也好，且具有良好的综合力学性能，缺口敏感性和脆性转变温度都低，是一种理想的组织。

粒状贝氏体形成于上贝氏体转变区上限温度范围内，其组织特征是在粗大的块状或针状铁素体内或晶界上分布着一些孤立的小岛，这些小岛无论是残余奥氏体、马氏体还是奥氏体的分解产物都可以起到复相强化作用，所以其具有较好的强韧性。

1.2.3.3　超低碳贝氏体钢

超低碳贝氏体钢（ULCB）是近 20 年来新研制的高强度、高韧性，并具有良焊接性能的新钢系，被世界各国称为 21 世纪的新一代钢铁材料。ULCB 是当代先进冶金技术与物理冶金研究成果相结合的产物，这类钢运用转炉或电炉冶炼，钢水通过炉外精炼处理，钢中加入可提淬透性的元素，如 Mn、Cu、Mo、B 等，通过控轧控冷，使奥氏体转变成极为细小的各种形态的贝氏体板条组织，并通过 Nb、Ti、Mo、Cu 等元素的析出强化，钢材的屈服强度得以大幅度提高，最高可达到 1000MPa 左右，钢的韧脆转变温度能够低于 -80℃，-20℃ V 形缺口冲击功大于 400J。ULCB 的碳含量（质量分数）一般小于 0.05%，因此碳的危害、碳化物析出的影响等问题基本消除，故其具有良好的焊接性能，可以实现焊接前不预热，焊接后不进行热处理。目前，ULCB 钢在美国、英国、日本、德国等发达国家得到了广泛的应用，已被用在石油天然气管线、工程机械、海洋设施、汽车、桥梁、造船、海军军舰及压力容器等领域。

1.2.3.4　针状铁素体钢

针状铁素体是指低合金高强度钢在连续冷却下获得的不同于铁素体+珠光体的一种贝氏体组织。因为相变只涉及铁素体，其中少量奥氏体只是残留相（部分奥氏体冷却时转变为马氏体），故称该转变产物为铁素体，而不是贝氏体，又由于铁素体呈板条形态，因此命名为针状铁素体，获得这类组织的钢称为针状铁素体钢。从本质上看，针状铁素体属于贝氏体，针状铁素体钢就是贝氏体钢。它与贝氏体铁素体的最大区别在于贝氏体铁素体具有奥氏体晶界网。

针状铁素体具有非常细的亚结构、高的位错密度、良好的组织均匀性，较小的等效晶粒尺寸，而且在针状铁素体中，裂纹在扩展中不断受到彼此咬合、相互交分布的针片状条束的阻碍，因此具有高的韧性。另外由于它在焊接过程中可能形成低碳贝氏体，也具有良好的可焊接性。可见，针状铁素体在具有高强度的同时，还具有较低的切脆转变温度，具有最佳的强度和韧性匹配。这种优异的性能使将钢板在石油天然气管线、储油罐行业中得到了广泛的应用。

1.2.3.5　马氏体钢

马氏体钢主要是 600MPa 以上的一些高强度钢种，如 800MPa 以上级别的工程机械用钢，600MPa 以上级别的压力容器和储油罐用钢等。一般有在线淬火+回火及轧后淬火回火（调质处理）两种工艺。马氏体的高强度是由于高密度的位错、细小的孪晶、碳的偏聚，以及马氏体正方度的间隙固溶体等得到的。低碳马氏体的形态基本上是板条状，板条状之间是小角度晶界，板条内部有很高的位错密度，有时还能见到孪晶马氏体分布于板条之间。但淬火后的马氏体塑韧性较差，一般马氏体钢在淬火后都要通过回火工艺来调整钢的强韧性匹配。

1.2.3.6　双相钢

双相钢是由低碳钢或高强度低合金钢经临界区处理或控制轧制而得到的。以铁素体和马氏体为主的双相钢，以其屈服强度低、抗拉强度高、加工硬化能力强、总伸长率和均匀伸长率大、易冲压成型、良好的塑性和韧性匹配等诸多优点引起材料科学界的极大兴趣。它的问世标志着低合金高强钢的发展进入了一个新的阶段，双相钢的出现为研究和生产高强度、高延性、低屈强比的低合金高强板指出了一条新的途径。

1.2.4　按尺寸规格分类

中厚板产品按照厚度不同可分为中板、厚板、超厚板，厚度 4~20mm 的钢板称为中板，厚度 20~60mm 的钢板称为厚板，厚度超过 60mm 的钢板称为特厚板。

1.2.5 按交货状态分类

中厚板的交货状态通常取决于钢板的用途和制造方法，并与钢板的厚度有直接的关系。在许多产品的技术标准、规范和交货技术条件中，规定了不同级别、不同厚度钢板的交货状态（生产方式），即常规轧制（AR）、控制轧制（CR）、温度-形变控制轧制（TM）、热变形控轧控冷（TMCP）、热处理状态交货（正火（N）、回火（T）、火加回火（QT））等。

微课：中厚板
的用途及
分类

课件：中厚板
的用途及
分类

1.3 板带钢的技术要求

根据板带钢用途的不同，对其提出的技术要求也各不一样，但基于其相似的外形特点和使用条件，其技术要求仍有共同的方面，归纳起来就是"尺寸精确、板形好，表面光洁、性能高"。这两句话指出了板带钢主要技术要求的四个方面。

1.3.1 尺寸精度要求

板带钢尺寸精度包括厚度、宽度、长度精度。一般规定宽度、长度只有正偏差，厚度偏差有正负公差，厚度公差随着钢板厚度的减小而减小。《热轧钢板和钢带的尺寸、外形、重量及允许偏差》（GB/T 709—2019）中规定了热轧钢板和钢带的尺寸、外形、重量及允许偏差，按厚度偏差种类分为 N 类偏差（正负偏差相等）、A 类偏差（按公称厚度规定负偏差）、B 类偏差（固定负偏差为 0.3mm）、C 类偏差（固定负偏差为零，按公称厚度规定正偏差）。

1.3.1.1 厚度允许偏差

A 单轧钢板厚度允许偏差

钢板和钢带的公称尺寸范围应符合国标中的规定，见表 1-1。

表 1-1 公称尺寸范围 （mm）

产品名称	公称厚度	公称宽度	公称长度
单轧钢板	3.00~450	600~5300	2000~25000
宽钢带	≤25.40	600~2200	—
连轧钢板	≤25.40	600~2200	2000~25000
纵切钢带	≤25.40	120~900	—

单轧钢板厚度允许偏差应符合国标中的 N 类规定，见表 1-2。

表1-2　单轧钢板厚度允许偏差（N类、A类、B类、C类）　　　　　　（mm）

公称厚度	下列公称宽度的厚度允许偏差															
	≤1500				>1500~2500				>2500~4000				>4000~5300			
	N类	A类	B类	C类	N类	A类	B类	C类	N类	A类	B类	C类	N类	A类	B类	C类
3.00~5.00	±0.45	+0.55 / -0.33	+0.60	+0.90	±0.55	+0.70 / -0.40	+0.80	+1.10	±0.65	+0.85 / -0.45	+1.00	+1.30				
>5.00~8.00	±0.50	+0.65 / -0.35	+0.70	+1.00	±0.60	+0.75 / -0.45	+0.90	+1.20	±0.75	+0.95 / -0.55	+1.20	+1.50				
>8.00~15.0	±0.55	+0.70 / -0.40	+0.80	+1.10	±0.65	+0.85 / -0.45	+1.00	+1.30	±0.80	+1.05 / -0.55	+1.30	+1.60	±0.90	+1.20 / -0.60	+1.50	+1.80
>15.0~25.0	±0.65	+0.85 / -0.45	+1.00	+1.30	±0.75	+1.00 / -0.50	+1.20	+1.50	±0.90	+1.15 / -0.65	+1.50	+1.80	±1.10	+1.50 / -0.70	+1.90	+2.20
>25.0~40.0	±0.70	+0.90 / -0.50	+1.10	+1.40	±0.80	+1.05 / -0.55	+1.30	+1.60	±1.00	+1.30 / -0.70	+1.70	+2.00	±1.20	+1.60 / -0.80	+2.10	+2.40
>40.0~60.0	±0.80	+1.05 / -0.55	+1.30	+1.60	±0.90	+1.20 / -0.60	+1.50	+1.80	±1.10	+1.45 / -0.75	+1.90	+2.20	±1.30	+1.70 / -0.90	+2.30	+2.60
>60.0~100	±0.90	+1.20 / -0.60	+1.50	+1.80	±1.10	+1.50 / -0.70	+2.00	+2.20	±1.30	+1.75 / -0.85	+2.30	+2.60	±1.50	+2.00 / -1.00	+2.70	+3.00
>100~150	±1.20	+1.60 / -0.80	+2.10	+2.40	±1.40	+1.90 / -0.90	+2.50	+2.80	±1.60	+2.15 / -1.05	+2.90	+3.20	±1.80	+2.40 / -1.20	+3.30	+3.60
>150~200	±1.40	+1.90 / -0.90	+2.50	+2.80	±1.60	+2.20 / -1.00	+2.90	+3.20	±1.80	+2.45 / -1.15	+3.30	+3.60	±1.90	+2.50 / -1.30	+3.50	+3.80
>200~250	±1.60	+2.20 / -1.00	+2.90	+3.20	±1.80	+2.40 / -1.20	+3.30	+3.60	±2.00	+2.70 / -1.30	+3.70	+4.00	±2.20	+3.00 / -1.40	+4.10	+4.40
>250~300	±1.80	+2.40 / -1.20	+3.30	+3.60	±2.00	+2.70 / -1.30	+3.70	+4.00	±2.20	+2.95 / -1.45	+4.10	+4.40	±2.40	+3.20 / -1.60	+4.50	+4.80
>300~400	±2.00	+2.70 / -1.30	+3.70	+4.00	±2.20	+3.00 / -1.40	+4.10	+4.40	±2.40	+3.25 / -1.55	+4.50	+4.80	±2.60	+3.50 / -1.70	+4.90	+5.20
>400~450	协议															

注：B类厚度允许下偏差统一为-0.30mm；C类厚度允许下偏差统一为0.00mm。

　　按需方要求，并在合同中注明偏差类别，可供应公差值与表1-2规定公差值相等的其他偏差类别的单轧钢板，如A类、B类和C类偏差；也可供应公差值与表1-2规定公差值相等的限制上偏差的单轧钢板，上下偏差由供需双方协商规定。

　　对于厚度大于200mm的钢板，厚度公差也可由供需双方协商确定，并在合同中注明。

　　B　钢带（包括连轧钢板）厚度允许偏差

　　规定最小屈服强度$R_0 < 360$MPa钢带（包括连轧钢板）的厚度偏差应符合表1-3的规定。需方要求按较高厚度精度供货时应在合同中注明，未注明的按普通厚度精度供货。根据需方要求，可在表1-3规定的公差范围内调整钢带的上下偏差。

表 1-3 规定最小屈服强度 R<360MPa 钢带（包括连轧钢带）的厚度允许偏差 （mm）

公称厚度	带钢厚度允许偏差							
	普通精度 PT.A				较高精度 PT.B			
	公称宽度				公称宽度			
	600~1200	>1200~1500	>1500~1800	>1800	600~1200	>1200~1500	>1500~1800	>1800
≤1.50	±0.15	±0.17	—	—	±0.10	±0.12	—	—
>1.50~2.00	±0.17	±0.19	±0.21	—	±0.13	±0.14	±0.14	—
>2.00~2.50	±0.18	±0.21	±0.23	±0.25	±0.14	±0.15	±0.17	±0.20
>2.50~3.00	±0.20	±0.22	±0.24	±0.26	±0.15	±0.17	±0.19	±0.21
>3.00~4.00	±0.22	±0.24	±0.26	±0.27	±0.17	±0.18	±0.21	±0.22
>4.00~5.00	±0.24	±0.26	±0.28	±0.29	±0.19	±0.21	±0.22	±0.23
>5.00~6.00	±0.26	±0.28	±0.29	±0.31	±0.21	±0.22	±0.23	±0.25
>6.00~8.00	±0.29	±0.30	±0.31	±0.35	±0.23	±0.24	±0.25	±0.28
>8.00~10.00	±0.32	±0.33	±0.34	±0.40	±0.25	±0.26	±0.27	±0.32
>10.00~12.50	±0.35	±0.36	±0.37	±0.43	±0.28	±0.29	±0.30	±0.36
>12.50~15.00	±0.37	±0.38	±0.40	±0.46	±0.30	±0.31	±0.33	±0.39
>15.00~25.40	±0.40	±0.42	±0.45	±0.50	±0.32	±0.34	±0.37	±0.42

规定最小屈服强度 $R_0 \geqslant 360MPa$ 钢带（包括连轧钢板）的厚度偏差应符合表 1-4 的规定。需方要求按较高厚度精度供货时应在合同中注明，未注明的按普通厚度精度供货。根据需方要求，可在表 1-4 规定的公差范围内调整钢带的上下偏差。

当产品标准中未规定屈服且未规定厚度允许偏差时，钢带（包括连轧钢板）的厚度允许偏差由供需双方协商，并在合同中注明。

表 1-4 规定最小屈服强度 R≥360MPa 钢带（包括连轧钢带）的厚度允许偏差 （mm）

公称厚度	带钢厚度允许偏差							
	普通精度 PT.A				较高精度 PT.B			
	公称宽度				公称宽度			
	600~1200	>1200~1500	>1500~1800	>1800	600~1200	>1200~1500	>1500~1800	>1800
≤1.50	±0.17	±0.19	—	—	±0.11	±0.13	—	—
>1.50~2.00	±0.19	±0.21	±0.23	—	±0.14	±0.15	±0.15	—
>2.00~2.50	±0.20	±0.23	±0.25	±0.28	±0.15	±0.17	±0.19	±0.22
>2.50~3.00	±0.22	±0.24	±0.26	±0.29	±0.17	±0.19	±0.21	±0.23
>3.00~4.00	±0.24	±0.26	±0.29	±0.30	±0.19	±0.20	±0.23	±0.24
>4.00~5.00	±0.26	±0.29	±0.31	±0.32	±0.21	±0.23	±0.24	±0.25
>5.00~6.00	±0.29	±0.31	±0.32	±0.34	±0.23	±0.24	±0.25	±0.28
>6.00~8.00	±0.32	±0.33	±0.34	±0.39	±0.25	±0.24	±0.28	±0.31
>8.00~10.00	±0.35	±0.36	±0.37	±0.44	±0.29	±0.29	±0.30	±0.35
>10.00~12.50	±0.39	±0.40	±0.41	±0.47	±0.31	±0.32	±0.33	±0.40

公称厚度	带钢厚度允许偏差							
	普通精度 PT. A				较高精度 PT. B			
	公称宽度				公称宽度			
	600~1200	>1200~1500	>1500~1800	>1800	600~1200	>1200~1500	>1500~1800	>1800
>12.50~15.00	±0.41	±0.42	±0.44	±0.51	±0.33	±0.34	±0.36	±0.43
>15.00~25.40	±0.44	±0.46	±0.50	±0.55	±0.35	±0.37	±0.41	±0.46

1.3.1.2　宽度允许偏差

（1）切边单轧钢板的宽度允许偏差应符合表 1-5 的规定。

表 1-5　切边单轧钢板的宽度允许偏差　　　　　　　　　　（mm）

公称厚度	公称厚度	允 许 偏 差	
		下偏差	上偏差
3.00~16.0	≤1500	0	±10
	>1500	0	±15
>16.0~400	≤2000	0	±20
	>2000~3000	0	±25
	>3000	0	±30
>400~450	协议		

（2）不切边单轧钢板的宽度允许偏差由供需双方协商确定，并在合同中注明。

（3）宽钢带（包括连轧钢板）的宽度允许偏差应符合表 1-6 的规定。

表 1-6　宽钢带（包括连轧钢板）的宽度允许偏差　　　　　　（mm）

公称宽度	允 许 偏 差	
	不切边	切边
≤1200	+20 0	+3 0
>1200~1500	+20 0	+5 0
>1500	+20 0	+6 0

（4）纵切钢带的宽度允许偏差应符合表 1-7 的规定。

表 1-7　纵切钢带的宽度允许偏差　　　　　　　　　　　（mm）

公称宽度	公称厚度		
	≤4.00	>4.00~8.00	>8.00
120~160	+1 0	+2 0	+2.5 0

公称宽度	公 称 厚 度		
	≤4.00	>4.00~8.00	>8.00
>160~250	+1 0	+2 0	+2.5 0
>250~600	+2 0	+2.5 0	+3 0
>600~900	+2 0	+2.5 0	+3 0

1.3.1.3 长度允许偏差

（1）单轧钢板的长度允许偏差应符合表 1-8 的规定。

表 1-8 单轧钢板的长度允许偏差 （mm）

公 称 长 度	允 许 偏 差
2000~4000	+20 0
>4000~6000	+30 0
>6000~8000	+40 0
>8000~10000	+50 0
>10000~15000	+75 0
>15000~20000	+100 0
>20000	+ 0.005 × 公称长度 0

（2）连轧钢板的长度允许偏差应符合表 1-9 的规定。

表 1-9 连轧钢板的长度允许偏差 （mm）

公 称 长 度	允 许 偏 差
≤2000	+10 0
>2000~8000	− 0.005 × 公称长度 0
>8000	+40 0

对板带钢尺寸精度影响最大的尺寸精度主要是厚度精度，因为它不仅影响到使

用性能及后步工序，而且在生产中难度最大。此外厚度偏差对节约金属影响很大；板带钢由于 B/H 很大，厚度一般相对较小，厚度的微小变化势必引起其使用性能和金属消耗的巨大波动。故在板带钢生产中一般都应该保证轧制精度，力争按负偏差轧制。

（1）单轧钢板公称厚度：3～400mm，<30mm 的钢板按 0.5mm 倍数的任何尺寸；>30mm 的钢板按 1mm 倍数的任何尺寸。

（2）单轧钢板公称宽度：600～4800mm，按 10mm 或 50mm 倍数的任何尺寸。

（3）钢板公称长度：2000～20000mm，按 50mm 或 100mm 倍数的任何尺寸。

1.3.2 表面质量要求

钢板的表面质量主要是指表面缺陷的类型与数量，表面平整和光洁程度。板带钢是单位体积的表面积最大的一种钢材，又多用作外围构件，钢板的表面质量直接影响到钢板的使用、性能和寿命，故必须保证表面的质量。

钢板表面缺陷的类型很多，其中常见的有表面裂纹、结疤、拉裂、折叠、重皮和氧化铁皮等。对于这些缺陷，国家标准 GB/T 14977 明确规定了热轧钢板表面缺陷的深度，影响面积、限度、修整的要求及钢板厚度的限度。对于某些特殊用途的钢板，另有专用标准加以规定。

1.3.3 板形要求

板带四边平直，无浪形瓢曲，才好使用。但是由于板带钢既宽且薄，对不均匀变形的敏感性又特别大，所以要保持良好的板形就很不容易。板带越薄，其不均匀变形的敏感性越大，保持良好板形的困难也就越大。显然，板形的不良来源于变形的不均，而变形的不均又往往导致厚度的不均，因此板形的好坏往往与厚度精确度也有着直接的关系。

对钢板的尺寸精度和板形的一般要求参见 GB/T 709—2019 中的规定。

1.3.3.1 不平度

不平度应通过测量钢板上表面与直尺之间的最大距离来确定，如图 1-1 所示。将钢板自由地放在平面上，除钢板本身重量外不施加任何压力。用一根长度为 1000mm 或 2000mm 的直尺，在距单轧钢板纵边至少 25mm 和距横边至少为 200mm 区域内的任何方向，测量钢板上表面与直尺之间的最大距离，如图 1-2 所示。

图 1-1 不平度的测量方法

1—不平度

图 1-2 不平度的测量方法

1—距横边 200mm；2—距纵边 25mm

单轧钢板按下列两类钢，分别规定钢板不平度。

钢类 L：规定的最小屈服强度值不大于 460MPa，未经淬火或淬火加回火处理的钢板。

钢类 H：规定的最小屈服强度值大于 460MPa，以及所有淬火或淬火加回火的钢板。

单轧钢板的不平度应符合表 1-10 的规定。

表 1-10 单轧钢板的不平度　　　　　　　　　　　　　　　（mm）

公称厚度	不　平　度							
	钢类 L				钢类 H			
	测量长度							
	1000		2000		1000		2000	
3.00~5.00	PEA	PEB	PEA	PEB	PEA	PEB	PEA	PEB
>5.00~8.00	9	5	14	10	12	7	17	14
>8.00~15.0	8	5	12	10	11	7	15	13
>15.00~25.0	7	3	11	6	10	7	14	12
>25.00~40.0	7	3	10	6	10	7	13	11
>40.0~250	6	3	9	6	9	7	12	11
>250~450	5	3	8	6	8	6	12	10

当波浪间距（直尺与钢板的两个接触点的距离）在 300~1000mm 之间，钢板的不平度最大值还应符合下列规定。

（1）普通不平度精度：钢类 L 的不平度最大值为波距的 1.0%，钢类 H 的不平度最大值为波距的 1.5%，且都应不超过表 1-10 的规定。

（2）较高不平度精度：钢类 L 的不平度最大值为波距的 0.5%，钢类 H 的不平度最大值为波距的 1.0%，且都应不超过表 1-10 的规定。

连轧钢板的不平度应符合表 1-11 的规定。对于规定最小屈服强度不大于 300MPa 的连轧钢板，需方要求按较高不平度供货时应在合同中注明，未注明的按普通不平度精度供货。

表 1-11 连轧钢板的不平度

公称厚度/mm	公称宽度/mm	不平度/mm				
		规定的最小屈服强度				
		≤300MPa		>300MPa		
		PEA	PEB	>300~360	>360~420	>420
≤2.00	≤1200	≤18	≤9	≤18	≤23	协议
	>1200~1500	≤20	≤10	≤23	≤30	
	>1500	≤25	≤13	≤28	≤28	

续表 1-11

公称厚度/mm	公称宽度/mm	不平度/mm				
		规定的最小屈服强度				
		≤300MPa		>300MPa		
		PEA	PEB	>300~360	>360~420	>420
>2.00~25.4	≤1200	≤15	≤8	≤18	≤23	协议
	>1200~1500	≤18	≤9	≤23	≤30	
	>1500	≤23	≤12	≤28	≤38	

1.3.3.2　镰刀弯

钢板或钢带的凹形侧边与连接测量部分两端点直线之间的最大距离，如图 1-3 所示。单轧钢板的镰刀弯应不大于实际长度的 0.2%。钢带和连轧钢板的镰刀弯按表 1-12 的规定。

图 1-3　不平度的测量方法

1—镰刀弯；2—凹形侧边；2—直尺（线）

表 1-12　宽钢带（包括纵切钢带）和连轧钢板的镰刀弯　　　　　　（mm）

产品类型	公称长度	公称宽度	镰刀弯		测量长度
			切边	不切边	
连轧钢板	<5000	≥600	实际长度×0.3%	实际长度×0.3%	实际长度
	≥5000	≥600	≤15	≤20	任意 5000mm 长度
钢带	—	≥600	≤15	≤20	任意 5000mm 长度
	—	<600	≤12	—	—

目前，"镰刀弯"现象是普遍困扰轧钢厂的难题，出现的原因非常复杂，包括设备长期磨损、轧辊窜动、辊系不稳定等。针对这一问题，全国"五一劳动奖章"获得者田宇带领班组内成员对其进行持续整治，一人操作，三人观察分析，通过及时更改钢板位置、改变压下量等操作，探索调整规律，总结出了一套专治镰刀弯的操作法，真正意义上地做到了精益求精、一丝不苟、探索创新的工匠精神。

1.3.3.3　脱方度

钢板的脱方度采用以下两种方法之一测量。

（1）投影法：钢板的横边在纵边的垂直投影长度，如图 1-4 所示。

（2）对角线法：钢板第二个对角线长度差值的 1/2，如图 1-5 所示。

图1-4 脱方度的测量（投影法）　　　图1-5 脱方度的测量（对角线法）
1—脱方度；2—直尺；3—侧边　　　　1—钢板长度；2—钢板宽度；x_1，x_2—对角线长度

1.3.4 性能要求

板带钢的性能要求主要包括机械性能、工艺性能和某些钢板的特殊物理或化学性能。一般结构钢板只要求具备较好的工艺性能，如冷弯和焊接性能等，而对机械性能的要求不很严格。对于重要用途的结构钢板，则要求有较好的综合性能，即除了要有良好的工艺性能、强度和塑性以外，还要求保证一定的化学成分，保证良好的焊接性能、常温或低温的冲击韧性，或一定的冲压性能、一定的晶粒组织及各项组织的均匀性等。

除了上述各种结构钢板以外，还有各种特殊用途的钢板，如高温合金板、不锈钢板、复合板等，它们或要求特殊的高温性能、低温性能、耐酸耐碱耐腐蚀性能，或要求一定的物理性能等。

微课：中厚板的技术要求

课件：中厚板的技术要求

1.4 中厚板生产流程概述

目前国内钢铁企业拥有中厚板产线约78条（不包括项目搁浅及暂未完工的设计产能合计9242万吨/年），其中中厚板有效生产线为68条设计产能为8570万吨/年。随着轧机组宽度的增加产线数量就越少，就轧机宽度来看，目前国内中厚板轧机组最窄为2300mm，最宽为5500mm，其中占比最大是2~3m轧机生产线，说明我国企业的技术实力在国际上也占有一席之地。

最能展现我国钢铁行业技术领先的事迹莫过于河钢集团的塞尔维亚公司的"时代楷模"团队。中国河钢集团与塞尔维亚斯梅代雷沃钢厂合作运营三年的时间，公司管理团队的9名工作人员勇于担当、尽职尽责，发挥中方企业的技术和管理优势，深挖塞钢企业内部员工潜力，使企业扭亏为盈，打造了中塞员工团结协作、共同奋斗的良好局面，促进了"中塞一家亲"，于是中央宣传部在2019年4月授予河钢集团塞尔维亚公司管理团队"时代楷模"称号。这又一次增强了中国力量、中国技术在国际上的影响力，同时也贯彻了习近平新时代中国特色社会主义理论中提到的"当今世界的潮流只有一个，那就是和平、发展、合作、共赢"的思想，构建了以合作共赢为核心的新型国际关系。

1.4.1 新型中厚板车间的特点

当代新型中厚板车间的特点是：轧钢机的大型化、强固化，轧机的产量高、质

量好、消耗低，向连续化、自动化方向发展，不断取得技术进步。

（1）除特厚或特殊要求小批量的产品，仍采用大扁钢锭、锻压坯或压铸坯外，一般均用连铸坯做原料。

（2）采用计算机控制装出炉的多段步进式、推钢式加热炉进行坯料加热，通过延长炉体，改进砌筑结构，强化绝热及利用废气余热措施（特别是采用蓄热式加热炉），不仅提高了炉子的寿命，而且降低了能耗。

（3）采用 15~20MPa 高压水除鳞箱和轧机前后除鳞装置，能有效地清除炉生和次生氧化铁皮，提高钢板表面质量。

（4）采用高强度机架，以满足控制轧制和板形控制的要求。增强刚度、强固化轧机的措施：增大牌坊立柱断面，加大支撑辊直径，加大牌坊重量。为实现控制轧制要求，轧制力已由过去的 30~40MN 增至 80~105MN；新型宽厚板轧机支撑辊直径，由过去的 1800~2000mm 加大到 2100~2400mm；牌坊立柱断面，由 6000~8000cm^2 增加到 10000cm^2；每扇牌坊单重，由 3.6MN 增加到 4.5MN；轧机刚度由 5~8MN/mm 增加到 10MN/mm；主电机功率最大为 2×10000kW；在品种上可以生产宽 5350mm、长 60m 的钢板。

（5）为了提高钢板的精度和成材率，板形控制已成为中厚板轧机一项不可缺少的技术。广泛采用液压 AGC、弯辊装置，采用特殊轧机（如 VC 轧辊、HC 轧机、PC 轧机等）、特殊轧制方法及计算机控制，实现了自动化板形动态控制。

（6）提高轧制速度（最快可达 7.5m/s），以适应坯料增大后轧件加长，缩短轧制周期。宽厚板轧机的工作辊最大直径达到 1200mm，双机架的轧机，精轧机工作辊较粗轧机工作辊直径小，有利于轧制薄规格。工作辊一般采用四列滚柱轴承，支撑辊则采用油膜轴承。

（7）快速自动换辊以缩短换辊时间，提高轧机作业率。更换工作辊采用侧移式双小车和管子自动拆卸机构，每次只要 6~10min。更换支撑辊采用小车式，并直接拖入轧辊间，减少了轧机跨吊车的操作，有利于轧机的正常工作。

（8）交流化的主传动系统。随着电力电子技术、微电子技术的发展，现代控制理论特别是矢量控制技术及近年来交流调速系统的数字化技术的应用，促进了交流调速系统的发展，目前交流调速的调速性能达到甚至优于直流调速。国外宽厚板轧机主传动电动机有一些由直流电动机改为交流同步电动机供电，新建的厚板轧机更是优先选用交流化的主传动系统。

（9）控制轧制与快速冷却相配合，已能生产出调质热处理所要求的钢板。

（10）采用步进式或圆盘式冷床，以减少钢板划伤，提高钢板表面质量。

（11）切边以滚切式双边剪为主，头尾及分段横切采用滚切剪。双边剪每分钟剪切次数可达 32 次。定尺每分钟可达 24 次，以满足高产的要求。

（12）在线超声波无损自动探伤，除了具有连续、轻便、成本低，穿透力强和对人体无害等优点外，还有以下优点：

1）再现钢板内部缺陷，能确定其准确位置；

2）可以发现其他方法不能探出的细小缺陷；

3）检验效率比 X 射线等方法高 5~7 倍；

4）磁力探伤只能检验磁化材料却不能探奥氏体不锈钢，而超声波则不受此限制。

（13）计算机应用在宽厚板轧机上，既提高了产量又提高了质量。目前，测温、测压、测厚、测长、测板形、超声波探伤等自动化手段齐全，从板坯仓库开始，加热炉、轧机、矫直机、冷床、剪切线、辊道输送、吊车输送、标志、检查，以及收集堆垛，已全面实现了自动化，将整个车间操作情报系统、过程计算机、管理计算机以及所有的自动化设备，有机地结合起来，使车间消耗和定员大大减少。

1.4.2 某3500mm中厚板厂

1.4.2.1 生产规模及产品方案

生产规模为一期80万吨/年、二期130万吨/年。

产品品种为本车间生产的钢种为碳素结构钢、优质碳素结构钢、低合金高强度结构钢、船板、管线板、厚度方向性能板、汽车大梁板、桥梁板、压力容器板、锅炉板等。

产品规格为钢板厚度6~50mm（二期最厚达80mm），钢板宽度1500~3200mm，钢板长度6000~18000mm，钢板质量（最大）11.85t。

连铸板坯规格为厚度180mm、220mm、250mm，宽度1400~1900mm（100mm晋级），长度1900~3200mm。

1.4.2.2 生产工艺流程

生产工艺流程如图1-6所示。

A 板坯准备及加热

板坯加热采用热装或冷装加热工艺。炼钢厂连铸车间将合格的连铸板坯用辊道运至加热炉入炉辊道，在辊道上进行称重，用推钢机推入加热炉内进行加热。在加热炉口设有一定的区域，以作轧制跨板坯的存储和缓冲区域。

中厚板厂共设两座推钢式加热炉。加热炉采用双排布料方式。根据生产品种的要求，加热炉各段炉温按照预设的加热曲线准确控制，板坯一般加热到1150~1250℃。对于控制轧制的微合金化钢，为了缩短控制轧制过程中的待温时间和细化晶粒，板坯一般采用较低的加热温度，其板坯温度约为1100~1150℃。

加热好的板坯，根据轧制节奏，由出钢机依次将板坯从加热炉内一块一块地托出，平放在出炉辊道上。

B 高压水除鳞

除鳞是指利用高压水的强烈冲击作用去除板坯表面的一次氧化铁皮和二次氧化铁皮。加热好的板坯，由出炉辊道将板坯送至除鳞辊道，同时打开18MPa高压水除鳞箱喷嘴，将板坯上下表面的氧化铁皮清除。然后进入轧机前输入辊道。

C 轧制

送达3500mm四辊可逆轧机入口的板坯，根据轧制表，按不同钢种和用途，采用

图 1-6　生产工艺流程

常规轧制和控制轧制两种轧制方式，采用转向 90° + 纵向轧制方式，轧后钢板的最大长度为 33m，最大宽度为 3300mm。轧后根据产品工艺要求采用常规冷却或加速冷却。

 a　常规轧制

  当板坯长度较短时，板坯纵向进入四辊轧机进行成型轧制，一般经过 1~4 道次的成型轧制后，轧件在机前或机后回转辊道上转钢 90°，然后进行展宽轧制；当轧到要求宽度后，再在回转辊道上转钢 90°，然后进行延伸轧制到成品厚度。轧制过程如图 1-7 所示。

  当长度接近或达到最大坯料长度时，板坯先在四辊轧机入口回转辊道上转钢 90°，然后进入四辊轧机进行展宽轧制，轧到产品要求的宽度后，再在轧机入口或出口回转辊道上转 90°，最后进行延伸轧制，直至轧到成品厚度。

图 1-7　中厚板轧制过程

四辊轧机配备有厚度自动控制（AGC）系统，可保证产品具有良好的厚度精度和优质的板形。同时还配置了快速换辊装置。四辊可逆轧机的最大轧制速度为6.6m/s。

为了提高钢板表面质量，由轧机上的高压水除鳞集管清除轧件上的再生氧化铁皮。

b　控制轧制

对于管线钢板、船板、锅炉板、压力容器板、低碳微合金化高强度结构板等采用控制轧制工艺生产。

根据生产钢种、规格及产品性能等要求，采用两阶段控制轧制，采用多块钢交叉轧制方式。在采用两块钢交叉轧制情况下，当一块钢在轧制时，另一块钢在一侧辊道上待温，这种方式一般用于厚度较薄的板坯，轧制厚度规格较薄的产品。在采用三块钢交叉轧制情况下，当一块钢在轧制中，另两块钢在辊道上空冷待温，当温度达到目标值时，再进行第二阶段的轧制。这种方式一般用于板坯厚度大、轧制厚度较厚规格的产品。

控制轧制一般分第一阶段轧制、待温、第二阶段轧制，其轧制道次、待温温度、压下量、终轧温度等对不同产品有不同的要求，一般开轧温度在 1050～1150℃，第一阶段轧制 6～9 道次，压下率占总数的 50%～60%，中间待温温度850～880℃，第二阶段轧制 5～6 道次，压下率占总数的 40%～50%，成品终轧温度 770～850℃。

关于除鳞：一般情况下，第一道轧制前均进行除鳞。此外，原则上在展宽轧制完成，纵轧（延伸轧制）开始前，控轧每个阶段待温后以及成品道次轧制前均进行除鳞操作。

关于压下量及轧制速度：在轧制过程中，道次及压下量的选取应适合轧机的主传动及机架的能力，在展宽前、后及展宽轧制中均应视轧件宽度的大小，选取适当的压下量。在成型轧制和展宽轧制中，轧制速度应在基速或基速以下；在纵轧或轧长阶段随着轧件温度的下降、厚度减小及长度的增加，应逐道减小压下量及提高轧制速度。

对薄规格的钢板，终轧及终轧前的后几道次的轧制过程中，应尽可能采用较高的速度，以利于轧件的变形。

轧件在辊道上空冷待温，辊道应前后不停地摆动，避免由于辊子吸热在轧件表面上产生横向黑印，并保护辊子不受损坏。

D　轧后冷却

轧后冷却由加速冷却系统（ACC）完成。根据产品性能所要求的冷却速率和终冷温度，采用 ACC 系统。使用 ACC 系统可满足大多数产品所需要的加速冷却或直接淬火工艺要求。

对于要求进一步提高强度、焊接性能和低温韧性的产品，在完成控制轧制后，应立即进入加速冷却装置进行控制冷却。

加速冷却装置对钢板上下表面同时喷水冷却，钢板温度由 770~850℃ 快速下降到 450~600℃。

加速冷却的钢板厚度一般在 10~12mm 以上，并要求冷却装置要确保钢板纵向、头尾与中间、横向、上下表面的温度均匀。

钢板的冷却速度范围在 5~30℃/s（视水温和板厚而定），当钢板厚度大于 20mm 时，冷却速度最大为 20℃/s，主要是保证钢板厚度方向冷却均匀。

E　热矫直

钢板通过 ACC 冷却装置辊道后，由热矫直机输入辊道送至热矫直机上矫直，钢板热矫直温度一般在 600~800℃，较薄的钢板矫直温度在 450~550℃，较厚钢板的矫直温度可超过 800℃。

矫直速度是根据钢板的矫直温度、厚度及强度确定，速度范围在 0.5~1.5m/s。

矫直机压下量主要取决于钢板的矫直温度，一般在 1.0~5.0mm 的范围选取，对温度较低的钢板取较小值，对温度较高的钢板取较大值。此外，确定压下量时还要考虑钢板厚度的影响，厚度较薄的钢板压下量大，较厚者压下量小。

钢板的矫直道次，一般为一次。对于那些经过控制轧制和控制冷却的钢板可能产生更大程度的不平度，为了达到标准要求，还需要进行 1~2 次的补矫。

F　冷床冷却

热矫直后的钢板一般在 500~700℃ 进入冷床，钢板在冷床上逐块排放，并通过辊盘，在无相对摩擦、不受划伤的情况下移送，待温度下降至 100℃ 左右时离开冷床。

G　钢板表面检查与修磨

钢板冷却后，人工通过反光镜目视检查钢板下表面质量，由此确定钢板是否需要翻板与修磨。然后将钢板送到检查修磨台架输入辊道，在检查修磨台架上进行人工目视检查钢板上表面，并对检查出来的缺陷，由人工用手推小车砂轮机或手提砂轮机进行修磨。对那些下表面有缺陷的钢板，由翻板机将钢板翻转 180° 后，再由人工用手推小车砂轮机或手提砂轮机进行修磨。

H　钢板切头及分段

钢板由修磨台架输出辊道运送至切头剪前输入辊道，由切头剪前对正装置对正后，再由剪前输送辊道送入切头剪切头。对个别头尾不规整的钢板或镰刀弯较大的钢板,可切除不规整部分或分段。

I 钢板切边

经切头或分段后的钢板,由辊道输送至圆盘剪前,经磁力对中装置预对中,再用激光划线装置精确对中,使钢板两边的切边量对称和平行。然后开动圆盘剪前输入辊道、圆盘剪(包括碎边剪)、圆盘剪后输出辊道,以同一种速度运送,圆盘剪将钢板两边切除。

根据钢板厚度及强度,圆盘剪以不同的速度剪切钢板两边,剪切速度为 0.2~0.8m/s,剪切后的钢板由辊道送至定尺剪。

剪切下来的板边,由碎边剪碎断,碎边从剪机下的溜槽滑落到切头箱内,装满后以空箱置换,满箱由天车吊走。

J 钢板切定尺及取样

经切边的钢板,由辊道运送至定尺机前,经对正后,由定尺剪按要求剪切成不同长度的钢板。定尺钢板最大长度为 18m。

需要取样时,按要求剪切样品,由人工送往检化验室。

K 钢板标志

定尺钢板由辊道输送,再经设在垛板下料台架的自动标志设备逐张进行成品标记。主要标明公司标志、钢种、规格、生产日期等。

对经行业协会认可生产的专用钢板,如管线钢板、船用钢板、锅炉钢板等,必要时标印出会员标志等。

L 钢板收集及入库

成品钢板输送到成品垛板下料台架,由 10t+10t 磁盘吊车按钢板规格,把钢板逐张从台架上吊起,码放在收集台架上,经收集后的钢板垛,再用成品跨 15t+15t 双钩夹钳吊车,运至成品堆放区堆存、入库、待发。

M 厚板(大于 30mm)收集、切割、入库

经冷床冷却后的钢板,由检查台架输出辊道输送到厚板库,可以对需要改尺的钢板和厚板进行改尺切割。切割后的成品钢板在厚板库入库存储。

1.4.3 宝钢 5m 宽厚板厂

宝钢 5m 宽厚板轧机作为我国第 1 套现代化特宽厚板轧机,它满足国内对管线板、高强度船板、高强度结构钢板、压力容器板等高档次产品的需求,同时有利于带动我国厚板生产技术的发展。

宝钢宽厚板轧机主作业线设备由德国西马克—德马克(SMS-Demag)及西门子(Siemens)公司提供,热处理线由德国洛伊(LOI)公司提供,板坯库及加热炉区设备主要由国内设计、供货。一期建设 1 架精轧机,设计年产量为 140 万吨;预留的粗轧机及配套精整设施建成后,最终规模为 180 万吨。

1.4.3.1 产品

A 产品品种

包括管线钢板、造船钢板、结构钢板、锅炉容器钢板、耐大气腐蚀钢板及模具钢板等。

B 产品规格

厚度5~150mm，最大将扩至400mm；宽度900~4800mm；最大长度25m（轧制状态最大52m），最大单重24t，将扩至45t。

C 交货状态

产品按常规轧制、控制轧制和控轧控冷（TMCP）、热处理状态交货。普通轧制产品占总产量的52%；控轧控冷产品占40%；热处理产品占8%。每年有16.8万吨（占总量的12%）的产品经涂漆后交货。

1.4.3.2 原料

一期工程年产140万吨成品钢板，需坯料约150.54万吨，其中连铸坯140万吨，初轧坯10.54万吨。连铸坯由配套厚板连铸机提供。连铸板坯尺寸：厚220~300mm，宽1300~2300mm，长1500~4800mm，单重3.3~25.8t。初轧板坯尺寸：厚120~160mm、340~500mm，宽1300~1550mm，长1500~4800mm，单重1.84~24.3t。待粗轧机投产后将增加大钢锭或锻坯，使用少量自开坯以替代初轧坯。

1.4.3.3 工艺布置

宝钢宽厚板轧机一期工程主厂房由板坯接收跨、板坯跨、加热炉区、主轧跨、主电室、磨辊间、冷床跨、剪切跨、中转跨、热处理跨、涂漆跨以及成品库等部分组成，设备构成如图1-8所示。

图 1-8 平面布置简图

1—板坯二次切割线；2—连续式加热炉；3—高压水除鳞箱；4—精轧机；5—加速冷却装置；6—热矫直机；
7—宽冷床；8—特厚板冷床；9—检查修磨台架；10—超声波探伤装置；11—切头剪；12—双边剪和剖分剪；
13—定尺剪；14—横移修磨台架；15—冷矫直机；16—压力矫直机；17—热处理线；18—涂漆线

A 板坯库及加热炉

连铸板坯直接送至宽厚板轧机的板坯接收跨。暂无合同的板坯在此跨临时堆放。

有合同的倍尺连铸坯经横移装置从入库辊道过跨到二次切割线，在线切割成定尺坯。二次切割线主要由对中装置、测长仪、喷印机、火焰切割机、去毛刺机等设备组成。

为实施连铸板坯热送热装工艺，厚板连铸机与宽厚板轧机毗邻布置。一期工程设置一座保温坑，预留一座，生产管理级计算机 L4 计划系统具有热装计划编制及组织实施功能。由于厚板产品批量小，所用板坯规格多，投产初期目标热装率为20%，热装温度大于400℃，以后逐步提高。生产线共设两座步进式加热炉，采用双排装料；同时设置一座车底式加热炉，用于特殊规格、特殊钢种等坯料加热。

连续式炉采用多区供热的箱型结构，便于分区控制各段温度，以提高温控的灵活性和精度；采用无水冷耐热垫块，以减少板坯黑印；整个加热炉系统采用高精度燃烧控制系统，热工控制和装、出炉设备控制实现全自动化。

B 轧制线

在加热炉输出辊道与预留粗轧机之间，设置高压水除鳞装置，由上下两对喷水集管组成，上喷水梁高度可根据板坯厚度进行调整，调节行程400mm。为便于合金钢等难除鳞钢种生产，高压水压力为21.5MPa。

轧制线采用双5m机架布置，精轧机架采用大力矩、高刚性、高轧制速度，以满足低温控轧要求；同时为投产后拓宽产品尺寸创造条件。立辊机架与水平机架呈近接布置。

宝钢宽厚板轧机投产后将采用高水平的控轧控冷工艺。在工艺选择、平面布置及过程控制系统等方面进行了充分考虑。为了减少控轧工艺对产量的影响，拟采用多块钢交叉轧制工艺及中间喷水冷却。加速冷却装置采用喷射冷却和层流冷却组合形式，在该装置上可实现直接淬火（DQ），具有高冷却速率及冷却速率调节范围广等特点，为投产后拓宽品种创造了条件。

宝钢宽厚板轧机采用了当前最新的高精度轧制技术，除保证产品尺寸精度及外形质量满足用户要求外，还设计目标成材率为93%，为世界一流水平。采用的高精度轧制技术包括厚度控制技术、平面形状控制技术、板形控制技术。

a 多功能厚度控制技术

采用高精度多点式设定模型，高响应液压 AGC 技术，具有监控 AGC、绝对 AGC 等功能；并在水平机架出口侧近距离布置 γ 射线测厚仪，减小监控 AGC 控制盲区，改善钢板头尾厚度精度。同时利用绝对 AGC 及模型多点设定功能，轧制变厚度（LP）钢板，以满足桥梁及造船界的特殊要求。

b 平面形状控制技术

采用水岛厂开发的 MAS 轧制法，以控制钢板的平面形状。同时配置与水平机架成近距离布置的立辊机架，采用立辊机架的宽度自动控制（AWC）短行程（SSC）功能，进一步改善钢板平面形状，提高宽度绝对精度。

c 板形控制技术

采用了 CVC plus 和工作辊弯辊板形控制技术。工作辊窜动在道次间歇时间内完成，由于采用高次 CVC 曲线方程，因此凸度调节能力能满足生产要求。常规轧制时可减少轧制道次，提高产量；采用控轧工艺时，最终几道次上可实施累积大压下，以进一步改善钢板性能；利用 CVC 轧机大板凸度调节能力，可采用低平凸度生产控制方式，有利于提高成材率及提高厚度均匀性。为使钢板具有较好的平坦度、极小的内应力，宝钢宽厚板轧机热矫直机采用强力机型，采用预应力立柱及高刚性框架，矫直辊上辊系采用高响应伺服阀液压压下装置，具有动态控制功能，同时能矫直连续变厚度钢板；上辊系能整体前后倾动，左右倾动，预设定正、负弯辊，以尽可能改善平直度；出入口辊可单独调整，保证矫直后钢板平直地离开热矫直机。

轧制线主要设备及技术参数见表 1-13。

表 1-13　轧制线主要设备参数

设备	项　目	技术参数	设备	项　目	技术参数
精轧机	轧机型式	CVC plus 四辊可逆式	加速冷却装置	型式	喷射冷却和层流冷却组合式
	最大轧制力/MN	108		冷却厚度/mm	10~100
	轧制速度/m·s⁻¹	0~±3.16/7.30		冷却段长度/m	30.4
	工作辊尺寸/mm×mm	φ1210/φ1110×5300		钢板通过速度/m·s⁻¹	0.5~2.5
	支撑辊尺寸/mm×mm	φ2300/φ2100×4950		最大冷却速度	35
	工作辊窜动行程/mm	±150		(板厚20mm)/℃·s⁻¹	
	每侧最大弯辊力/MN	4		喷射段最大水量/m³·h⁻¹	7000
	轧机开口度/mm	550		层冷段最大水量/m³·h⁻¹	13000
	主电机功率/kW	2×10000 AC		喷射段水压/MPa	约0.5
	主电机转速/r·min⁻¹	0~±50/120		层冷段水压/MPa	约0.11
	主电机额定力矩/kN·m	2×1.91	热矫直机	型式	九辊全液压可逆式
	牌坊重量/t	约390		矫直钢板厚度/mm	10~100
立辊机架	最大轧制力/MN	5		最大矫直力/MN	44000
	最大侧压量/mm	50		矫直辊直径/mm	360
	辊颈直径/mm	φ1000/φ900		矫直速度/m·min⁻¹	0~±60/150
	辊身长度/mm	800			

C　剪切线

宝钢宽厚板轧机采用步进式冷床，使钢板在冷却过程中表面无划伤。厚度小于50mm 钢板进入宽冷床冷却；厚度大于50mm 钢板进入特厚板冷床冷却。冷却后的钢板送入检查台。借助翻板机由人工对其上下表面进行检查，对表面缺陷部位进行修磨。

宝钢厚板厂备有先进的自动超声波探伤装置。该装置采用多通道宽束脉冲反射式探头，可对厚度 $h \leqslant 60mm$ 的钢板进行全板面自动连续探伤。可根据相关标准或用户要求进行自动评判，所有探测缺陷均自动记录在 C 型扫描图上。装置采用在线布置方式，从而大幅度提高了生产率。

剪切线采用 SMS-Demag 公司开发的多轴多偏心滚切式剪切机，该剪切机剪切时上弧形刀刃在下直形刀刃上滚动剪切，剪切变形区小，剪切钢板不易弯曲变形，毛刺少，剪切质量高。由于采用多轴传动，可剪切高强度的钢板，剪切速度快。剪切线采用自动剪切技术，根据钢板形状检测装置（PSG）的测量数据及上位机下达的剪切指令，对钢板进行优化剪切。剪切线设备技术参数见表 1-14。

D　精整区

精整区设备及工艺包括火焰切割、质量检查修磨、冷矫直、热处理、涂漆等。

表 1-14 剪切线设备技术参数

设备	项 目	主要参数	设备	项 目	主要参数
冷床、检查台架	型式	步进式	剪切机	型式	滚切式
	冷床尺寸/m×m	52.5×77 (2号)		剪切钢板厚度/mm	5~50
		28.5×38 (3号)		剪切钢板最大强度/MPa	1200①、750②
	检查台架尺寸/m×m	26×71.5		剪切钢板宽度/mm	1300~4900
在线超声波探伤装置	探头型式	双晶脉冲反射式直探头		最高剪切温度/℃	150
	探伤钢板厚度/mm	5~60		切头剪最大剪切速度/次·min⁻¹	13
	探伤温度/℃	<100		双边剪最大剪切速度/次·min⁻¹	30
	探伤精度/mm	3mm FBH		定尺剪最大剪切速度/次·min⁻¹	18
	探伤速度/m·s⁻¹	0~1.0			

①钢板厚 40mm 时；

②钢板厚 50mm 时。

在剪切线跨内设置了 1 号火焰切割机，用于切割剪切线离线钢板及要求剪切复杂组合钢板；中转跨内设置 2 号火焰切割机，用于特厚板的切割和取样。

为了确保成品钢板的外观质量，对剪切线输出的钢板进行表面、尺寸及外形检查。钢板在检查站由人工对其表面、边部、平直度等进行目测检查，对质量不合格钢板，送至中转跨，根据缺陷类别，分别对钢板进行修磨处理、矫直或其他处理。需修磨的钢板，可在剪后的横移修磨台架上进行修磨。

平直度不合要求的钢板，需进行冷矫直。冷矫直机采用九/五辊变辊式矫直机，最大矫直力为 35MN。对于薄规格产品，采用小辊距九辊矫直机，对厚规格产品采用大辊径五辊矫直机，钢板有效矫直厚度范围比常规矫直机扩大 50%，采用小变形量最大矫直厚度可达 50mm，能满足部分热处理后钢板冷矫直的需求。

该台冷矫直机矫直辊位置均可单独调整，从而可采用灵活的矫直工艺，能显著降低钢板的残余应力且分布均匀；同时可矫直更高强度的薄规格产品，最高屈服强度可达 1200MPa；上下辊系单独进行弯辊辊缝补偿，可显著改善钢板头尾的平直度。矫直辊单独传动，根据各矫直辊处的钢板弯曲半径给矫直辊以精确的转速控制。避免矫直辊附加力矩的产生，防止钢板表面损伤，减少轧辊磨损。

对于厚规格钢板，当平直度不合要求时，可用压力矫直机进行压平处理。

宝钢宽厚板轧机一期工程设置 1 条热处理线，采用辐射管加热无氧化辊底式炉及辊压式淬火机。钢板在该热处理线上可进行正火、淬火、回火等热处理工艺。钢板入炉前，先经抛丸处理，除去表面的氧化铁皮。钢板加热可采用连续式、摆动式及两者组合式，以满足不同工艺的要求。热处理钢板通过上下对称布置的辐射管来加热，炉内为全密封式，中间通高纯度氮气作为保护气，以防止加热过程中钢板氧化和炉辊结瘤，其处理的钢板表面质量好，温度均匀。

淬火机采用辊压式，淬火后钢板温度均匀，装置长度方向按水压不同常分为高压区、低压区，为了保证钢板宽度方向上冷却均匀，流量分 3 个区域控制。淬火操作模式分为连续、连续加摆动、摆动三种，以满足不同厚度及工艺要求。

热处理线配置过程控制系统。由数学模型计算炉内各点的温度设定，周期性地传送给基础自动化，用于动态控制。对淬火钢板，由数学模型计算需要的冷却水流量、钢板运行速度等参数，由基础自动化进行动态控制。

钢板涂漆线设在涂漆跨内。需涂漆的钢板由成品库上料，经抛丸、表面检查和修磨，再经预热、涂漆、烘干、检查和标记处理，送入成品库。

1.5　中厚板生产中的关键技术

微课：中厚板
的生产工艺
流程

微课：中厚板
的生产工艺
流程

现阶段，社会经济高速发展，高端装备制造业发展迅速，大型锤头、机械衬板等耐磨性能良好的材料在工程机械领域发挥出了十分重要的作用。为了能实现高端制造业的长远发展，人们对机械设备的高强度提出了更高的要求，即如何实现船舶板的大规格、高强度、高韧性、高塑性发展成为未来钢铁企业的主要目标。因此，在钢铁行业践行习近平新时代中国特色社会主义思想中的解放思想、实事求是、与时俱进、求真务实，坚持结合新的时代条件和实践要求，进行理论探索创新，追求高附加值产品的是钢铁行业的未来发展方向。

1.5.1　高强度、高韧性钢材生产技术

中厚板生产原材料所牵扯到的品种有：高强度、高韧性的船板；高强度、低屈强比抗震钢板；高强高韧性管线钢板；厚壁大口径海底油气管线钢；抗大变形 X80、X100；厚壁大口径海底油气管线钢 X70、X80；高强韧特厚板；超高强工程机械钢板；高性能压力容器。

在生产这些品种钢板时会使用到的关键技术包含以下几个方面。第一，化学成分精准控制和高洁净钢冶金技术。化学成分的精准性和分布的均匀性会影响钢材的力学性能。化学成分波动最小化会牵扯到不同炉号、生产批次稳定、连接铸造过程中各个元素的最小偏析。钢材的洁净度是影响钢材力学性能的重要关键，特别是在生产加工的时候需要保证材料表面的韧性和质量。第二，低成本高性能微合金化技术。微合金元素会和 C、N、O、S 形成多个化合物，这些形成的化合物会对钢材的性能产生影响。现阶段使用最为广泛的微合金元素能够生成碳元素、氮化合物，这些物质具有细化晶粒的作用，在提升物质的强度，改善其抗裂性能方面起到了十分重要的作用。微合金化技术具备较强的加工精准度，适合被应用到管线钢、高强高韧性船板生产中。第三，超宽厚板连铸和轧制生产工艺。母舰、大型油田需要使用特宽、特厚的钢板材料，在高洁净钢板连铸坯的作用下直接热轧成型。

1.5.2　耐火、抗震的钢材生产技术

这类钢材在生产加工中所需要推广和研发的品种包含耐火、抗压钢板，建筑施工中常用的建筑钢材具备良好的耐腐蚀和抗震能力，且其表现出来的耐腐蚀和抗震能力是一般钢材的 2~8 倍，能够满足 Z15、Z25、Z35 性能需要，焊接能够承受的最大线能量是每厘米 50~100kJ。在生产加工的时候要严格控制碳元素的含量，在板材厚度低于 50mm 的时候，焊接操作的时候不需要提前预热，在热焊之后也不会产生焊接冷裂纹。桥梁和隧道在加工的时候会使用高强度耐候钢材，材料抵抗大气腐蚀

的性能是一般钢材的 2~5 倍。

在生产耐火、抗震钢材所使用的技术包含以下几种技术形式。第一，耐热、耐腐蚀合金成分优化技术、冶炼精炼合金化控制技术。第二，洁净钢冶金、夹杂物变性、大颗粒夹杂物控制，使用氧化物冶金的方式来提升第二相质点弥散度和均匀性控制技术。第三，后板坯连铸坯成分、组织均匀化、表面质量控制技术。第四，耐热、耐腐蚀建筑和高性能中厚板规格技术。

1.5.3 高耐腐蚀、特殊性钢板生产技术

这类钢材在包含超高强度耐酸低合金油气井管、石化用的耐腐蚀和耐高压钢材、机械和电力功能兼具的耐高低温以及耐腐蚀的超临界钢。生产这些品种所需要使用的技术包含以下几种。第一，耐高温、抗腐蚀性能钢材合金成分的优化设计以及冶炼、精炼共同整合的微合金化控制技术。第二，洁净钢冶金、夹杂物超细化以及纳米级的碳氮化合物控制技术。第三，厚板坯连铸坯成分、组织均匀化和表面质量的控制。

1.6 中厚板生产中的常见缺陷

中厚板厂产线常见缺陷及形成原因有以下几类。

（1）纵裂：与轧制方向一致（纵轧成型时），主要分布在钢板表面距边部 1/4 和钢板中心线处，有时分布在边部，如图 1-9 所示。

(a)　　　　　　　　　　　　(b)

(c)　　　　　　　　　　　　(d)

图 1-9　纵裂纹

（a），（b）大纵裂纹；（c），（d）小纵裂纹

　　形成原因：因钢水温度、拉速波动，水口流场变化，保护渣变性等原因导致铸坯表面或皮下产生纵裂纹，轧制后在钢板上形成的纵向裂纹缺陷。

　　（2）山峰裂：分布在钢板中间或边部，一般断续分布在钢板长度方向，单个裂纹宏观方向与轧制方向垂直，呈山峰状，如图1-10所示。

　　形成原因：铸坯弯曲或矫直时因弯曲段、扇形段跑弧、铸坯温度低等因素导致铸坯表面或边部产生横裂。轧制后在钢板上形成的山峰状裂纹缺陷。

图1-10　钢板上山峰裂

　　（3）发裂：裂纹细、短、直、浅，一般遍布整张钢板表面，与钢板成型方向一致，如图1-11所示。

　　形成原因：铸坯在轧制过程中晶界脆性元素如 Cu、As 等在奥氏体晶界脆性，造成铸坯浇注时开裂或轧制时开裂。

图1-11　发裂

　　（4）边部黑线：分布在钢板边部，呈现一条或多条黑线，如图1-12所示。

　　形成原因：连铸坯轧制过程中棱部侧翻产生的折叠。

　　（5）头尾横裂：一般分布在钢板头、尾部1m以内，呈现一条或多条垂直于轧制方向的横向裂纹，如图1-13所示。

　　形成原因：钢板轧制过程中，由于头尾部钢板温度低造成轧制时钢板撕裂。

　　（6）结疤：钢板表面呈"舌状"或"鱼鳞片状"的翘起薄片，一种是与钢的

图 1-12 边部黑线

图 1-13 头尾横裂

本体相联结，并折合到钢板面上；另一种是与钢的本体没有联结，但黏合到钢板面上，易于脱落。

形成原因：在板坯表面上存在被污溅的金属坯壳和不规则的凸块，其形状有皮壳状、粒状和瘤子状。热送热装时或冷装前未清理干净，经轧制在钢板表面上形成；浇注时不小心或未对中铸机，如开浇过猛、钢液飞溅严重，钢液的溅沫附在铸机壁上被氧化成氧化铁，不能与铸壁内上升的钢液相焊合；浇注温度低或铸壁温度过低在浇注过程中气体大量排除引起钢液沸腾；因板坯火焰切割时头尾部的"胡子"清理不净，经轧制在钢板表面上形成。

（7）分层：分层破坏了钢板边缘的整体连续性，有明显的金属结构分离，在剪切断面上出现未焊合的裂缝，有时缝隙中有肉眼可见的夹杂物。

形成原因：硫化物偏析和气囊造成，或是由于耐火材料侵蚀带来的大型硅酸盐夹杂物造成；主要由耐火材料侵蚀产物、钢液中脱氧产物两者的结合物造成分层中白色、黄灰色夹杂与侵蚀后的耐火材料相近，其他颜色的夹杂则与脱氧产物成分相近；由强烈沸腾时卷入铸机内的浮渣造成；厚规格钢板出现的比例较高，主要与连铸结晶器卷渣、板坯夹杂和中心裂纹有关。另外，薄规格因轧钢时压缩比较大，容易焊合；厚规格因压缩比较小，不易焊合。

（8）瓢曲：钢板纵横方向同时弯曲变形，类似瓢形。瓢曲多出现在较薄和较宽的难变形品种中。

形成原因：钢板长、宽双向变形不均；辊型凸度过大，压下量不足，轧辊温度低等使轧辊呈凸型，引起变形不均匀；轧辊辊型配置不合理，使用大凸度轧宽料；轧制薄而宽的钢板时，终轧压下量偏大时；轧制时钢板上下表面冷却水量不同，造成上下表面冷却不均匀时；中间坯板形不良，特别是宽料和难轧钢种。

（9）波浪：钢板外形沿轧制方向呈高低起伏的波浪弯曲。波浪可出现在带钢的中间、一边、二边或二肋部位。

形成原因：辊型凸度小而压下量大，或辊温偏低使轧辊呈凹形，产生两边浪；当辊缝水平调整不当，一边压下较大，而另一边压下较小时，在压下大的一侧产生边浪；辊型控制不良，轧制品种、规格安排不合理，如先轧窄规格板太多，然后又安排轧制宽规格板，使得轧辊中间过度磨损，轧制时造成两边边浪；轧辊磨削不好，辊型曲线不符合要求，或辊型凸度过大；刚换辊后，辊型热凸度还未建立起来，就轧制较薄规格钢板；成品道次压下量过大，或终轧温度过低时；轧制钢板吨数太多，未及时换辊，而又安排轧制薄规格时；轧制薄规格高强度钢板或轧制某些需要控轧、控冷的品种时。

（10）镰刀弯：在钢板头部和尾部形成镰刀状，即一边部的延伸远大于另一边部的延伸；钢板剪切后钢板一个或两个侧边向一侧呈镰刀状弯曲，内凹或外凸。

形成原因：由于轧辊水平调整不当造成，使得一边辊缝小，而另一边辊缝大；工作辊两端冷却效果不同，或某端冷却喷嘴堵塞，造成该端工作辊温度过高；剪切跑偏造成：挡板调整不当、刀缝不一致、剪切速度不一致、夹送辊、输入输出辊道偏斜等。

（11）夹杂：钢板表面暴露的非金属夹杂物。呈条状、片状、箭头状的局部起皮，在钢板的某一部位，沿轧制方向断续分布。夹杂缺陷在 10~50mm 厚的钢板表面上均出现，如图 1-14 所示。

图 1-14　夹杂

形成原因：板坯中原有夹杂、分层等缺陷，轧后暴露在钢板表面上。夹杂一般是由于连铸结晶器卷入保护渣所致。

（12）皮下气泡：隐藏在铸坯表皮下面的一种针状空眼，在清理表面时可发现。局部的皮下气泡往往与皮下夹杂及偏析伴生，存在于结疤，重皮下面。此缺陷一般出现在钢板的上表面，下表面基本没有缺陷，如图1-15所示。

形成原因：

1）钢液脱氧不良，并且气体饱和程度高，当温度下降时发生的碳的氧化反应，生成一氧化碳气泡无力及时排出，存在于钢中形成；或主要是由于钢中存在过量的氢气、氮气，凝固过程中不能排出，在表面下形成细而深的针状气泡。

2）开铸太猛或注流分散，飞溅出来的钢液在铸壁被空气氧化，而当钢液上升后就与钢中存在的 C 发生反应，形成 CO 气泡，留在冷凝层内，形成局部皮下气泡。

3）浇注系统潮湿等，受热产生的气体没有完全排出而形成皮下气泡。

图1-15　皮下气泡

（13）重皮：在板坯表面，大致成横向的一种很不规则的氧化层，或若干氧化层表皮的重叠。轻微的呈连续的波皱纹，严重的板坯外面有一层金属薄壳，如图1-16所示。

形成原因：

1）浇注温度低，注速不匀或瞬时浇注间断，使上升钢水表面凝成较厚的氧化层，在钢水继续上升时被翻到铸坯表面。

2）钢液氧化性弱，钢水水平面中途下降，或有时为了阻止过猛的气体反应，浇注中加铝不当，也能造成重皮。

（14）麻点：钢板表面上有粗糙面或黑点状斑迹。呈条状、点状、块状，有局部或连续地成片分布着大小不同的凹坑，个别的呈黑色麻斑。成品钢板的表面呈局部的或连续的片状粗糙，并分布为形状不一，大小不同的凹坑。

形成原因：钢坯在加热炉加热过程中，钢坯的上下表面同炉气中的氧气、二氧化碳、水、二氧化硫发生氧化反应，生成氧化铁皮。在钢坯出炉及轧机轧制过程中，钢坯上下表面的氧化铁皮粘在钢坯、钢板上，不能与钢分离、脱落。氧化铁皮冷却

图 1-16　重皮

后其硬度大于热态钢坯或钢板的硬度，在轧制过程中，被轧入钢板中，形成上下表面黑面麻点。在轧制薄规格时，二次氧化铁皮被压入钢板上下表面形成轻微的上下表面黑面麻点。

（15）划伤：钢板表面呈现直而细的沟道。有可见的深度，深度深浅不一，如图 1-17 所示。

形成原因：

1）轧机的机架辊等有尖棱突起。钢板表面的划伤呈氧化色，平行于轧制方向。

2）矫直机的矫直辊及周围有尖棱突起。钢板表面的划伤呈氧化色，平行于轧制方向。

3）冷床上有尖棱突起，钢板横移时生成。钢板表面的划伤呈金属光泽，垂直于轧制方向。

4）冷床以后的滚道有尖棱突起，钢板表面的划伤呈金属光泽，平行于轧制方向。

图 1-17　划伤

（16）压痕：在钢板上表面出现零散不规则的深凹或凹坑。一般深度超过标准规定，应在剪切时切去，如图 1-18 所示。

形成原因：钢板在轧制或矫直过程中轧机、矫直机上掉下金属物等到钢板上，轧制或矫直时，压入钢板表面，脱落后形成压痕。

图 1-18 压痕

（17）氧化铁皮压入：热轧氧化铁皮被压入钢板表面。呈鱼鳞状、条状或点状的黑色斑迹。其分布面积大小不等，压下的深浅也不一致，如图 1-19 所示。

形成原因：热轧钢板压入氧化铁皮，轧制后残留在钢板表面。其形成原因同麻点。只不过是程度上有所不同。

图 1-19 氧化铁皮压入

（18）边部折叠：钢板边部表面形成局部互相折合的双层金属。外形与裂纹相似，连续或断续地发生在钢板的全长或局部，如图 1-20 所示。

形成原因：板坯温度不均匀或精轧轧辊形配置不合理及轧制负荷分配不合理等，轧制过程的钢板不均匀变形形成大波浪后被压合。

图 1-20　边部折叠

2 中厚板轧机换辊预调

2.1 中厚板轧机的发展概况

2.1.1 国外中厚板工厂发展概况

中厚板的生产历史，可以追溯到 18 世纪末。到 19 世纪末期，在欧洲的英国、法国和德国等处于工业化初期的国家中，先后出现了一些生产中厚板的作坊式工厂，其产品主要为小幅面工具钢和合金钢板，还生产铜板和镀锡板。这些工厂规模小、产量低，产品应用领域十分有限。

19 世纪后期至 20 世纪 20 年代，这一时期在欧洲和美国先后出现了辊身长为 300m 以上的二辊、三辊或四辊轧机，其中最著名的当属 1918 年在美国 Lukens 兴建的 5232.4mm 四辊轧机。这些轧机可称之为"第一代"中厚板机，多数为蒸汽传动，以钢锭为原料，单机架生产。轧机的生产能力一般在 3 万~5 万吨/年以下，工厂面积一般不超过 $3 \times 10^4 \sim 4 \times 10^4 \mathrm{m}^2$。产品主要是锅炉、造船、装甲及一般结构用板。

20 世纪 30 年代到 50 年代，在欧洲、美国及日本出现了双机架和半连续式布置形式，大多采用了四辊轧机，二辊轧机用作除鳞和开坯。二辊+四辊式和半连续式布置形式在美国使用得较多。这一时期的主要特点是四辊式轧机广泛普及，采用单机架或双机架配置，5000mm 级的宽规格轧机得到较普遍的使用，轧机能力显著提高，一般在 5 万~100 万吨/年之间不等，工厂面积达到了 $4 \times 10^4 \sim 8 \times 10^4 \mathrm{m}^2$。产品以装甲和舰船板为主，其中优质板、高强板的比例由于冶炼、热处理技术的发展而有较大的增长。

20 世纪 60 年代到 70 年代，欧洲、美国和日本相继改建或新建了一批 4300mm 级、4700mm 级和 5500mm 级的新型四辊单机架或双机架中厚板轧机。这期间在美国所建设的双机架中厚板轧机仍以二辊+四辊形式为主，而日本则已完全采用双机架四辊轧机配置。随着连铸坯的采用、加热炉技术的改进以及精整剪切设备上新技术的采用，70 年代新建的中厚板工厂生产能力和产品质量得到较大提高，单一工厂的生产能力已提高到 80 万~200 万吨/年，工厂面积最大已超过了 $20 \times 10^5 \mathrm{m}^2$。产品中造船板、高级结构板和高强板的比例都大幅提高。

由于产能的进一步提高，相应中厚板工厂的平面布置也发生了一系列变化。日本在 70 年代填海建造的钢铁基地中，宽厚板工厂开始采用汽车向成品码头和铁路成品库运输成品钢板，改变了以铁路运输为主的发货模式，给中厚板工厂的平面布置带来了全新变化。

20 世纪 80 年代中后期以来，以控制轧制和控制冷却为核心的工艺技术逐步成熟，并得到推广应用，先前建成的中厚板工厂，都不同程度地进行了相关的技术改造，先后出现了众多各具特色的控制轧制和控制冷却的技术和设备。这些改造成果对日后新建的中厚板工厂无疑具有示范和启迪作用。此外，在这个时期成功开发和应用的平面形状控制及板形控制技术，使中厚板的轧制技术又向前跨越了一大步。

这个时期的中厚板生产，已全面进入以控制轧制和控制冷却技术为主导的产品开发阶段。其产品以高强度、高韧性和高可焊接性的管线钢、船板钢、专用结构板（建筑、桥梁等）为代表。

2.1.2　国内中厚板工厂发展概况

我国的第一套中板轧机是 2300mm 的三辊劳特式机，于 1936 年在鞍山（即后来的鞍钢第一中板厂）建成，产量只有几万吨，品种和规格都十分有限。

1951 年重庆钢铁公司原大轧厂的一套旧 2440mm 二辊轧机恢复生产，是中华人民共和国成立后投产的第一套中板轧机。1958 年之后的近 20 年的时间是我国中厚板轧机建设的第一个高峰期，根据仿照核钢一中板所做的通用设计（后参照鞍钢二中板进行了修改），在全国分省市先后建成了 13 套 200m 级三劳特式中板机。这批轧机在不断地革新改中提高了机械化水平，曾担负起全国中厚板三分之一的产量，为我国各行各业提供了大量的中、厚钢板。随着国民经济的发展，为扩大品种和规格，改普板形和表面质量部分中板厂先后进行了不同程度的改造，有的在劳特轧机前增加一架二辊轧机，也有的在劳特轧机后增加一架四辊轧机。为了提高装备水平，1970 年后新建的部分中板厂，已开始采用四辊轧机。1980 年后，许多中板厂相继拆除了劳特轧机，改为四辊轧机，并适当加大了轧机宽度。

1958 年 7 月鞍钢建成了 2800mm/1700mm 半连续轧机，1966 年 8 月刚建成了 2800m 中厚板轧机，1966 年 10 月太钢五厂建成了 2300mm/1700mm 炉卷轧机。这三套轧机均从苏联引进，生产中厚板的机架都是二辊+四辊双机架形式，投产后在产量、产品品种、规格、尺寸精度、表面质量和成材率等方面都大幅度超过了三辊劳特式轧机，成为当时我国中厚板生产的主力轧机。

我国在 1958 年后的 20 年内建设的中厚板工厂，虽然在满足国民经济增长和国家建设上发挥了无可替代的作用，但由于轧机规格小、轧线设备普遍简陋，控制水平和生产工艺落后，年产量一般不超过 30 万~40 万吨，产品以普通用途板为主，只能少量生产专用钢板。与国外同期建设的中厚板工厂相比，无论生产规模、产品品种和规格还是产品质量，都有十分明显的差距。以日本为例，二次大战后的十几年内，日本就全部淘汰了落后的三辊劳特轧机。在 60—70 年代兴建的轧机，宽度基本在 400mm 以上，以 186in（4724mm）为主，产量已达到 180 万~200 万吨/年。到 70年代中期，四大钢铁公司相继建成投产了四套 5500mm 轧机。到 80 年代末，宽度小于 4724mm 的中厚板工厂已全部关闭。

1978 年 9 月投产的舞钢 4200mm 宽厚板轧机，是我国自行设计和制造的第一套四辊宽幅厚板机。其特点是板宽大，达 3900mm；规格范围大，最厚可生产 250mm；品种范围广，可生产结构板、舰船板锅炉容器板、装甲板、不锈板等。这架轧机开口度大，既可轧制钢锭，也可采用板坯做原料。该厂的热处理设施配置较为齐全，既有加热式缓冷坑、连续式热处理炉，也有车底炉和外部机械化炉，能生产正火、调质、回火、退火等热处理产品。

可以说，舞钢 4200mm 宽厚板厂的建设，不仅填补了我国宽厚板和特厚板产品领域的空白，也使我国宽厚板工厂的工艺设计、设备设计和设备制造水平提升了一大步，20 世纪 80 年代至今，欧洲、日本和美国几乎停止了新建中厚板工厂，而在亚洲尤其在我国，则进入了中厚板建设的高峰期。

20 世纪 80 年代后期到 90 年代，我国中厚板厂的建设进入了第二个高潮期，先后建成投产了近 10 套 2800~4300mm 级的中厚板工厂建设的高峰期。

中厚板轧机，是建造大型船舶、舰艇和油气输送管道的标配，也是衡量国家工业能力的重要标志，是工业母机中的母机。进入 21 世纪以来，以宝钢 5000mm 轧机的建设为标志，我国迎来了中厚板轧机建设的黄金时期，在不到 10 年的时间里先后建成了二十几套 3000~5000mm 级的中厚板轧机，其中不乏从生产工艺、整体装备到平面布置均处于世界领先水平的中厚板工厂，整体上大大缩小了我国中厚板生产和装备技术与国外先进水平的差距。尤其是 2020 年中国某重铸造车间里，浇注出难度极大的 4.3m 中厚板轧机，是我国历史上自主设计的最宽中厚板轧机。

随着设备核心技术的提升，为提高市场竞争力，必须追求差异化产品，新产品的试制生产关系着企业的命脉，这对于坚守一线 20 余年、轧制钢板几十万块的大国工匠田宇来说，一直执着地提升自身技术进行试制、成熟、推广，追求精品，践行着不忘初心，不负时代不辱使命。

在未来，钢铁企业势必将注重转变新的组织模式，以品种、质量为主地进行精细化生产，生产更多的高附加值产品。

2.2 轧机的主要类型及布置形式

2.2.1 轧机的主要形式

国内目前在用的中厚板轧机从形式上可分为二辊、三辊及四辊轧机，此外，根据生产工艺的需要，某些轧机在机前或机后设置有常规或近接式立辊轧机。

2.2.1.1 二辊轧机

二辊可逆式轧机一般不单独作为成品轧机使用，常与一架四辊精轧机组成一套双机架中厚板轧机，如图 2-1 所示。这种轧机的工作辊直径相对较大，允许的咬入角大，轧制压力及传动力矩也相对较大，但轧机的刚度小、产品厚度精度较差，因此不适于作为精轧机使用。随着国内轧机的更新换代，这种轧机正在逐步退出历史舞台。

2.2.1.2 三辊劳特式轧机

三辊劳特式轧机由二辊可逆式轧机发展而来，是由两个直径相同的上下支撑辊和一个直径较小的中间工作辊所组成，上下辊为不可逆传动，中间工作辊可升降，靠上下辊摩擦带动，如图 2-2 所示。一般上下辊直径为 700~800mm，中间辊直径为 500~550mm，辊身长度为 1800~2300mm。

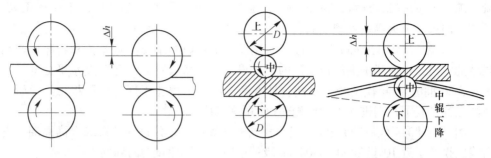

图 2-1　二辊轧机轧制示意图　　　　图 2-2　三辊劳特式轧机轧制示意图

三辊劳特式轧机生产时，轧件在中间工作辊上下往复轧制，靠摆动升降台上下递送，在上通道轧制时，上辊为工作辊，下辊兼作支撑辊。在下通道轧制时，下辊为工作辊，上辊兼作支撑辊。

与二辊轧机相比，尤其是在可逆传动尚需依赖直流电机调速的年代中，三辊劳特式轧机可采用造价较低的交流电机驱动，实现往返轧制，并通过采用飞轮使电机容量减小，故设备简单，投资较少。中辊受上下辊支撑，挠度较小，并且中辊易于更换，使辊型配合较好，有利于提高钢板厚度的精确性。由于采用小直径中辊，可以显著降低轧制压力和能耗，并使钢板更易延伸。

在实际生产中，三辊劳特式轧机表现出明显的缺点：中辊直径小且不传动，因而咬入能力小；轧机前后装有升降台，展宽轧制采用拨钢机以角轧方式实现，限制了原料单重，轧制钢板长度较短，成材率较低；轧机刚度小，产品厚度精度偏差大，不适于轧制较厚而宽的产品，常用于生产 4~20mm 的中板。随着国内外四辊轧机的兴起，这种轧机也逐渐被淘汰。

2.2.1.3　四辊轧机

四辊轧机是由两个直径较小的工作辊和两个直径较大的支撑辊所组成，上下工作辊由两台直流或交流变频电机可逆传动，如图 2-3 和图 2-4 所示。与二辊轧机或

图 2-3　四辊轧机断面示意图

三辊劳特式轧机相比，四辊轧机的刚度大、轧制规格范围广、产品厚度精度高，在产品质量及产量等方面均占有明显优势，因此虽然这种轧机的设备重量及投资较大，但仍然逐步成为国内外的主力轧机形式，既可用于精轧机，也可用于粗轧机。

图 2-4 四辊轧机轧制示意图

2.2.1.4 立辊轧机

立辊轧机的轧辊垂直配置在轧线的两侧，轧制时轧辊作用在轧件的侧面，轧件受水平方向的轧制力。立辊轧机的功能主要包括消除钢锭的锥度、破鳞、齐边及协助水平轧机实现平面形状控制。

立辊轧机按照轧制力可分为重型、中型及轻型三种。重型立辊轧机的轧制力为 4~8MN，用于大型钢锭及特厚连铸坯的轧制，并可有效实现大的侧压量；中型立辊轧机的轧制力一般为 2~4MN，用于厚板坯和中小钢锭的轧制；轻型立辊轧机的轧制力为 1~2MN，主要用于齐边轧制。

在 20 世纪 40 年代，立辊轧机已随万能式中厚板轧机开始应用；在 50 年代，立辊轧机广泛用于消除钢锭两侧边部的锥度，并逐步用于齐边与破鳞，在此期间采用的均是与水平轧机脱离布置的常规重型立辊轧机；随着连铸板坯技术在 70 年代的迅速发展，钢锭逐步被连铸坯所替代，目前只是在少量钢种、规格及大单重产品的生产上尚能发生作用，而连铸板坯越来越宽，立辊的破鳞效果大为削弱。

由于立辊轧机的削锥和除鳞作用在实际生产中逐步削弱或丧失，同时立辊轧机在完成齐边轧制时延长了轧制时间，不利于提高中厚板轧机的产能，在市场需求较好时，中厚板厂很少甚至避免投入立辊轧机，因此在一段时期内国内外中厚板界曾经提出过"立辊无用论"。

20 世纪 80 年代以后，随着中厚板轧制技术的提高，为使钢板平面形状矩形化，提高中厚板成材率，人们进行了多种方法的研究，并取得了显著的效果，立辊轧边法就是其中之一。据介绍，日本新日铁名古屋厚板厂利用立辊轧边法使钢板成材率提高了 3%，川崎制铁水岛厚板厂利用 MAS 轧制技术，并辅以近置式立辊轧机和在线磨削装置生产出了"无切边钢板"。国内几家配有立辊轧机的中厚板厂，也对采用立辊轧机改善钢板平面形状控制的技术进行了理论研究或生产探索，总结了一些生产规律，促进了立辊轧机在提高中厚板成材率方面的应用。

受日本及韩国厚板厂的影响，我国近年来新建的很多厚板轧机设置了近接式立辊轧机。这些立辊轧机的主要功能是配合实现平面板形控制，修正在成型与展宽阶段中容易产生的不均匀宽展，如对成型后长度方向和展宽后宽度方向进行立辊轧制，在长度方向修正头尾形状，而在宽度方向修正边部形状，以防止头尾出现不规则的鱼头或燕尾等不均匀变形，并保证实现板宽的目标值。在实际生产中，尤其是在 2004—2008 年中厚板需求旺盛的市场状况下，立辊轧机削弱轧线产能的矛盾十分突出，因此很多立辊轧机在实际生产中投入较少，乃至闲置。

从国内外的实际生产来看，成材率的提高需以先进的轧制及剪切控制技术为基础，并需在生产中能够稳定地实现高命中率的坯料计划，而立辊轧机对此并不能起到决定性或关键作用，只能在水平轧机各项技术稳定可控的基础上以"锦上添花"的方式提高成材率。此外，如何采用立辊轧机配合水平轧机实现平面形状控制也需一定时间的摸索和巩固，因此只有随着轧制技术的逐步提高，这些立辊轧机才会高效地发挥作用。

2.2.2　轧机布置

2.2.2.1　水平轧机的布置

目前，世界上中厚板轧机的布置主要有单机架和双机架两种形式。

A　单机架布置

在中厚板轧机生产线上，采用一架轧机完成全部的轧制道次。采用的机型有二辊可逆式、三辊劳特式和四辊可逆式轧机。如上所述，二辊及三辊劳特式机型已被逐步淘汰，目前单机架布置采用的主要机型是四辊可逆式轧机。

与双机架相比，单机架轧机设备投资低，轧线长度短，车间面积小，相对同规格双机架轧机而言，轧机产量较低。此外，由于单机架轧机需兼顾开坯及成品轧制作用，辊耗高，设备维护量相对较大。当轧制大钢锭等特厚坯料时，容易对成品轧制的质量、精度造成影响，如大块氧化铁皮的影响，轧制冲击及压下机构长期的长行程运动对设备零部件间隙的影响等，同时轧机开口度较大（最高可达120m），轧机上无法配置弯辊、窜辊等现代化板形控制系统，较难兼顾薄板和厚板的轧制。

B　双机架轧机布置

双机架轧机布置是指在轧线上设置有粗轧机和精轧机，分别完成粗轧和精轧阶段的轧制工序。双机架组合形式通常有二辊可逆+三辊劳特、三辊劳特+四辊可逆、二辊可逆+四辊可逆或粗轧和精轧均为四辊可逆轧机等多种形式。随着用户对产品内在及外形质量要求的不断提高，以及设备、控制技术的不断进步，目前最广泛使用的机型已转变为双机架四辊可逆轧机。

在双机架布置形式中，开坯与成品轧制的任务由粗轧机和精轧机分别承担。在设备配置上，粗轧机以大开口度、大扭矩及低速大压下为特征，所轧制的中间坯厚度较厚，因此可不用配置弯辊、窜辊等板形控制机构。而精轧机需实现最终的产品内在质量和精度，因此需配置完善的板形控制机构。此外，两架轧机在工作辊直径、机械压下机构、传动装置等方面也有所不同。

与单机架相比，双机架轧机中每架轧机的功能相对单一，故障率也相对较低，同时也有利于达到和保持产品的精度。

从国内外各种轧机布置的使用效果来看，尤其是在轧机产能、产品质量的实现等方面，双机架轧机均比单机架轧机略胜一筹，因此目前双机架布置占据主导地位。但如场地或设备投资受到限制，或预定的产品结构单一时，单机架也能够实现预定建设目标，因此国内外也有很多中厚板厂根据自身的需要选择建设单机架轧机。

考虑到工程投资和市场需求等因素，部分钢厂即使选择双机架轧机的布置形式，往往也会采用一次性规划,分步建设的方式,即先建一架轧机,需要时续建第二架轧机。在这种模式下,往往首先建设精轧机,以期可实现一定规模产量以占领市场,同时在生产中稳定和提高轧制技术,逐步提高产品的质量及拓展品种。最终根据市场及投资情况,适时建设第二架轧机,以期扩大产品品种及规格范围,为产品的升级创造条件。

2.2.2.2 立辊轧机的布置形式

根据与水平轧机的安装关系,立辊轧机可分为分离式和近接式两种方式。根据设置的位置可分为水平轧机机前布置和机后布置两种形式。

A 分离式立辊轧机

传统的立辊轧机主要采用分离式,用于辅助完成钢锭的轧制,目前在非钢锭轧机上已较少使用。

为利于实现立辊轧机对钢锭的破鳞作用,分离式立辊轧机通常在水平轧机的机前布置,如图 2-5 所示。此时在立辊轧机的入口侧、出口侧,水平轧机的出口侧设置有推床及工作辊道。

图 2-5 分离式立辊轧机

通常立辊轧机入口侧的工作辊道不考虑轧件的转钢,出口侧的工作辊道通常仅满足主要长度规格原料的转钢即可,以缩短立辊轧机与水平轧机的间距,减少立辊投入时对水平轧机产量的不利影响;水平轧机的出口侧通常是轧件完成转钢工序的主要区域,故此区域的工作辊道在设计上需可完成全部原料的转钢要求。

B 近接式立辊轧机

对于中厚板轧机,近接式立辊轧机通常采用上传动的电机布置方式。由于其与水平轧机紧凑安装轧机间距小,对轧制周期和产量的影响相对较小,易于配合水平轧机实现平面形状控制,是新建立辊轧机的主要选择形式。

由于近接式立辊轧机在设备结构、使用及维护等方面对水平轧机影响较大,因此对于立辊轧机在水平轧机的机前或机后布置的选择方面,相关使用及研究人员都有着自己的观点。

当近接式立辊轧机在水平轧机的机前布置时,如图 2-6 所示,其主要优点是立辊在原料的首道次轧制时可投入。此外对于双机架布置，当轧辊的换辊操作主要在主轧跨内完成时，立辊轧机布置在机前有利轧辊吊运。由于上传动立辊轧机在地面以上的机构庞大，操作人员难以在入口侧观察钢板的咬入状况，因此此时主操作台通常布置在水平轧机的出口侧。

当近接式立辊轧机在水平轧机的机后布置时，如图 2-7 所示，通常考虑轧件在完成一定程度的成型轧后，再借助立辊轧机辅助实现边部形状控制，这对于短坯料的轧制尤其有利。此时主操作台通常布置在水平轧机的入口侧，便于人工目视观察来料的状态。

图 2-6　近接式立辊轧机（机前布置）　　　图 2-7　近接式立辊轧机（机后布置）

2.3　四 辊 轧 机

2.3.1　概述

四辊轧机用于将加热后的板坯轧制到所要求的厚度和宽度，由机架、导板、压下系统、平衡及弯辊系统、窜辊系统、除鳞系统、冷却水系统、辊系、机架辊装置、除尘装置、传动系统、轧线标高调整装置及换辊装置等组成，如图 2-8 所示。

目前成品轧机一般均配有液压 AGC 和工作辊弯辊功能，此外一些轧机还配有窜辊系统。虽然在国外存在着工作辊交叉形式的厚板轧机（PC 轧机），但一直未在国内推广使用。

对于粗轧机或钢锭轧机，受生产要求及开口度的影响，原则上配置液压 AGC 系统即可。

目前新建中厚板轧机的压下系统均由机械压下和液压 AGC 系统组成，机械压下系统布置在轧机顶部，由两个直流或交流电机带动蜗轮单元，通过压下丝杆和压下螺母调整工作辊之间的辊缝。

随着技术的发展，AGC 系统逐步由上置式改为下置式，但对于某些原地改造的轧机，受原有设备基础的影响，仍采用上置式 AGC 系统。

液压 AGC 油缸安装在下支撑辊轴承座底部，参与轧制线标高的调整，进行辊缝设定和过载保护，实现厚度自动控制，同时还用于 LP 钢板的轧制及钢板平面形状控制。

在牌坊的上横梁上设有上支撑辊系平衡系统。上下工作辊的平衡分别通过设置

图 2-8　轧机本体图

1—机架装置；2—压下装置；3—上支撑辊平衡装置；4—液压 AGC 缸；5—上支撑辊装配；6—轧机导卫；
7—上工作辊装配；8—窜辊装置；9—下工作辊装配；10—机架辊装置；11—工作辊平衡和弯辊装置；
12—下支撑辊装配；13—轧线标高调整装置；14—支撑辊小车；15—支撑辊换辊轨道

在两端的液压缸实现，使工作辊压在上下支撑辊上。这个系统也用于工作辊弯辊。一般工作辊弯辊/平衡缸安装在轧机牌坊的凸台上，但对于开口度较大的粗轧机，上工作辊平衡缸系统挂在支撑辊轴承座的下面。根据粗轧机的工作特点，该系统主要完成工作辊的平衡功能，弯辊能力较弱。工作辊平衡缸的两种布置形式如图 2-9 和图 2-10 所示。

上下工作辊的入、出口侧均有导板，上导板可以在辊缝调整时随上工作辊升降。

根据除鳞工艺的需要，在轧机的入、出口侧设有高压水除鳞集管，上下成对设置。上集管随着入、出口导板的动作而动作，下集管布置在轧机两侧入、出口机架辊的下方。

轧机工作辊冷却水压力通常为 1MPa，某些轧机的集管沿宽度方向被分成 3 个冷却区，以便于控制轧辊的热凸度。上下支撑辊冷却水压力通常为 0.5MPa。

工作辊采用特殊轧辊轴承，支撑辊采用油膜轴承，其润滑采用专用润滑系统。工作辊和支撑辊锁紧装置安装在轧机牌坊的操作侧，当需要换轧辊时，通过液压缸打开锁紧装置。

　　一般在下支撑辊轴承座与液压 AGC 油缸之间设置有阶梯板，下工作辊、下支撑辊磨损后，可通过窜动阶梯板和 AGC 油缸的动作配合完成轧线标高的调整。某些由 VAI 公司设计的中厚板轧机不再设置阶梯板，只采用长行程液压缸完成轧线标高的调整。

　　根据用户要求的不同，在轧机上设置有水幕除尘装置或风机除尘装置。水幕除尘装置设置在轧机入、出口侧，通过沿宽度方向的喷嘴喷水形成水幕，在轧钢时抑制烟尘。这种形式结构简单、运行成本低，是目前主要采用的轧机除尘形式。风机除尘装置需封闭整个轧机本体以达到除尘罩的效果，这种结构设备投资高、运行成本高，而且不利于观察轧机的轧制状态，因此只在几个中厚板厂采用。

　　上下工作辊各采用一个交流变频电机通过十字头或滑块式主轴驱动，主轴平衡采用液压平衡系统。对于设置有窜辊系统的轧机，其主轴在电机侧装有用于补偿长度方向窜动的花键轴。

　　工作辊换辊是通过换辊小车或液压缸把工作辊拉出、推入机架，并在机旁侧移装置上完成新旧工作辊的换位。

图 2-9　工作辊平衡缸设在上支撑辊轴座内
1—上支撑辊轴承座；2—液压缸；3—工作辊轴承座

图 2-10　工作辊平衡缸设在上机架腰块内
1—上支撑辊；2—上工作辊轴承座；3—平衡缸导向套；4—活塞杆；5—缸块；6—机架

　　支撑辊换辊也是通过换辊小车或液压缸把支撑辊拉出、推入机架。根据平面布置的需要，可采用主轧跨换辊或直接由换辊小车拖入磨辊间换辊。

　　轧机工作辊与轴承、工作辊轴承座与支撑辊轴承座的滑板间存在间隙，在轧制过程中，如无固定的侧向力约束，工作辊将处于不稳定状态，不能保持固定的工作位置。工作辊的这种自由状态会造成轧件厚度不均、轧辊轴承受到冲击载荷、工作辊和支撑辊之间正常摩擦关系被破坏以及轧辊磨损加剧等不良后果。因此，保持工作辊对于支撑辊的稳定位置，对提高轧制精度和改善轧辊部件的工作条件十分重要。

　　保持工作辊稳定的方法是使工作辊中心相对支撑辊中心线有一个偏心距，偏心距的大小应使工作辊轴承反力的水平分力恒大于零且力的作用方向不变。

对于四辊可逆轧机,工作辊向轧机入口侧或出口侧偏效果一样,偏心距一般均为 8~12mm。

微课:四辊
轧机

课件:四辊
轧机

2.3.2 机架装置

机架装置是整个轧机的骨架,其他各个部件基本上都安装在机架上或与之相连,它承受全部的轧制力及轧机的冲击振动。机架的刚性和强度是保证产品精度和设备可靠性的关键。

机架装置主要由操作侧和传动侧牌坊、上/下横梁、工作辊/支撑辊锁紧挡板、接轴抱紧装置、滑板、机内换辊轨道、轨座等组成。牌坊通过上下横梁连接成闭式机架,安装在轧机轨座上,并通过斜楔与地脚螺栓将牌坊与轨座紧固于地基上,以保证整体刚性和稳定性。牌坊窗口内安装有耐磨滑板,以利于轧辊的上下运动;牌坊内侧设计有安装轧辊冷却及轧件除鳞装置的导卫的导向槽。在操作侧牌坊外侧设置工作辊、支撑辊锁紧挡板,在传动侧牌坊外侧设置轧机接轴定位的抱紧装置,在机架窗口的中部还设有机内换辊轨道等。

机架的上横梁为铸钢件或焊接件,通过螺栓和定位键与两片牌坊相连,其上平面与牌坊上部平面共同用于安装压下装置、平衡装置、平台与走梯等。

机架的下横梁为铸钢件或焊接件,通过定位键卡在两片牌坊下部,其上与牌坊下部窗口平面共同用于安装抬升装置、阶梯板下辊标高调整装置等。近年来,随着轧机 AGC 采用下置式布置方式,由于结构等原因,有些取消了机架下横梁。

中厚板轧机牌坊的结构形式一般采用整体铸造式,牌坊刚性好、重量轻、结构尺寸小(如宝钢 5000mm 轧机牌坊外形尺寸为 15200mm×4670mm×2300mm),但是其加工制造难度大,炼钢、铸造、热处理、冷加工对设备的能力要求非常高,而且整体式牌坊还受到运输条件的限制;在一些大型中厚板轧机(如沙钢 5000mm 轧机、首秦 4300mm 轧机、五矿营钢 5000mm 轧机)中,为了降低制造和运输难度,采用分体组装式牌坊,将牌坊分别铸造成上横梁、下横梁、左右立柱 4 个部分,装配时用止口(或键)和预应力螺栓组装起来,这种形式的牌坊制造难度小,加工容易,运输方便,但是设备体积庞大,结构尺寸大,现场装配安装要求高,总体吨位比整体式大 30%~40%,如五矿营钢 5000mm 轧机牌坊外形尺寸为 16290mm×6100mm×2360mm,牌坊组装重量达 530t。

一般地,中厚板轧机精轧机和粗轧机的牌坊结构设计应尽可能一致,这样不仅设计和制造方便,而且更有利于轧机备品备件和操作更换件的统一,便于生产管理。然而,由于工艺要求的不同,可能使精轧机和粗轧机牌坊的结构和外形产生较大的变化。例如,采用钢锭轧制时,要求粗轧机开口度大,这就导致粗轧机和精轧机牌坊的外形不同;又例如,板形控制技术(弯辊和窜辊装置)集中在精轧机上使用,这就导致粗轧机和精轧机牌坊的结构有差异。此外,由于弯辊和窜辊装置的采用,还会导致粗轧机和精轧机在机架辊、主传动接轴及轧辊平衡等方面的差异。

2.3.3　轧机导卫装置

在轧制过程中，为了便于咬钢及抛钢，以及防止发生撞辊和缠辊事故，在轧机的入口及出口设置了导卫装置。

2.3.3.1　轧辊导板与擦辊器

轧辊导板安装在工作辊轴承座上，与工作辊辊面保持约 3mm 的间隙。其作用是：

（1）作为轧件的导向装置，使轧件顺利咬入和抛出，保护轧辊，防止轧件在轧制过程中发生撞辊和缠辊事故；

（2）挡住上部轧辊冷却水，防止冷却水直接落到轧件表面，造成钢板受热不均；

（3）其上安装擦辊器用于清洁轧辊。

图 2-11 为上工作辊导板及擦辊器示意图。

图 2-11　上工作辊导板及擦辊器
1—导板；2—擦辊器

擦辊器安装固定在轧辊导板上，用于清洁轧辊辊面，防止氧化铁皮粘连在工作辊辊面上对支撑辊产生损坏，上下工作辊均设置擦辊器。擦辊器的清洁刀片材料一般为耐热耐磨树脂材料或特殊塑料等，采用弹簧或液压缸为动力，使刀片紧贴工作辊表面。同时擦辊器还有防止冷却水直接落在轧件和下支撑辊上的作用。

2.3.3.2　入口及出口导卫装置

入口及出口导卫装置由导卫板、导卫提升液压缸等构成，如图 2-12 所示。

A　入口及出口导卫装置

导卫上集成了高压水除鳞集管、冷却水集管、烟尘抑制水集管等，如图 2-13 所

图 2-12 导卫装置

1—导卫板；2—导卫提升液压缸

图 2-13 导卫

1—高压水除鳞集管；2, 3—冷却水集管；4—烟尘抑制水集管示，通过导卫提升液压缸悬挂在上支撑辊平衡梁上，与上辊系同步运动。同时在导卫提升液压缸的作用下，导卫装置与上工作辊挡水板保持紧密贴合，其作用为：对轧件进出轧机进行导向，保护工作辊和支撑辊，保护高压水除鳞喷嘴和烟尘抑制喷嘴。导卫装置分为焊接结构和铸造结构，焊接结构简单，加工方便；铸造结构复杂，但刚性好变形小。

高压水除鳞集管用于清除轧件在轧制过程中形成的二次氧化铁皮，除鳞压力一般为 18~21MPa。高压水除鳞可以设计成分段除鳞，节电节水。

冷却水集管装在导卫内侧，用于对工作辊及支撑辊的冷却。对工作辊可设计成分段冷却形式，通过沿辊身长度方向的水量分布调节，实现工作辊辊身热凸度的补偿与控制。工作辊冷却水水压力一般为 1~2MPa，支撑辊冷却水水压力一般为 0.3~1MPa。

烟尘抑制水集管靠近工作辊布置，主要作用是以水封的形式控制轧制过程中产生的烟尘，水压力一般为 0.5~1MPa。

下高压水集管、下工作辊支撑辊的冷却水集管、下烟尘抑制水集管均固定布置在机架辊下方。

B　导卫提升液压缸

导卫提升液压缸主要用于：

（1）平衡导卫重量；

（2）工作时保持导卫贴紧工作辊挡水板；

（3）在更换工作辊、支撑辊时，将导卫下降到设定高度，换辊完毕，将导卫升起到工作位置；

（4）更换机架辊时，更换工具挂在导卫上，提升液压缸将机架辊提升到设定高度。

因为增加了机架辊和更换工具的重量，所以导卫提升液压缸设有两个压力。

2.3.4　工作辊平衡和弯辊装置

工作辊平衡装置用于平衡工作辊装配、支撑辊辊子及油膜轴承锥套的重量，消除支撑辊轴颈与轴承之间、工作辊轴颈与轴承之间的间隙，使工作辊与支撑辊辊面贴合，产生压靠力，避免工作辊与支撑辊之间的打滑现象，消除在咬钢及抛钢过程中产生强烈的冲击振动现象。现代中厚板轧机普遍采用液压平衡装置。

为了控制板形，广泛采用工作辊液压弯辊控制。中厚板轧机一般采用正弯辊方式，其作用力的作用点和方向与工作辊平衡力一致，只是作用力的大小不同，所以工作辊弯辊与工作辊平衡通常采用同一套装置，弯辊装置即平衡装置。用于平衡时使用较低压力，用于弯辊时使用较高的可变压力。

2.3.5　轧线标高调整装置

轧线标高调整装置用于对下辊系辊子直径的修磨量进行补偿，并将轧机的轧线调整到公称标高偏差范围内。现代中厚板轧机的轧线标高调整方式一般是阶梯板调整，也有直接采用长行程的 AGC 缸，通过 AGC 缸来调整。前者是分级粗调，AGC

缸再精调，AGC 缸行程小；后者可以实现无级精确调整，但要大大增加 AGC 缸的行程，影响 AGC 系统控制和刚性。

　　阶梯板轧线标高调整装置位于 AGC 缸和下支撑辊轴承座之间，由阶梯板、安放阶梯板的框架、带导向的滑道以及传动液压缸等组成。阶梯板可以做成整体多级的或者单块多级的，安放阶梯板的框架相当于一个移动小车。带导向的滑道安装在 AGC 缸活塞杆上。传动侧和操作侧的支撑辊轴承座下各有一个安放阶梯板的框架，中间通过连杆连接成一整体，构成一个小车。液压缸位于传动侧，作用在小车上。

　　阶梯板轧线标高调整装置上面有防护罩，可以防止氧化铁皮落在阶梯板上，并且阶梯板上还可以安装用于吹扫的带喷嘴的集管，清理氧化铁皮。

　　图 2-14 为我国二重设计的阶梯板轧线标高调整装置，其结构特点是：两侧滑道单独固定；安放阶梯板的框架带轮子，在滑道上滚动，并且两侧靠横梁螺栓连接为一体，相当于一个带轮子的移动小车；阶梯板中基垫和加垫都是单块的，基垫每相邻两级之间相差 5mm，加垫后也是每相邻两级之间相差 5mm；液压缸动作行程控制是多点位置控制，可用多个接近开关，也可采用在液压缸上安装位移传感器。

图 2-14　我国二重设计的阶梯板标高调整装置

1—操作侧有导向作用的滑道；2—操作侧安放阶梯板的框架；3—拉杆；
4—传动侧有导向作用的滑道；5—传动侧安放阶梯板的框架；6—阶梯板；7—液压缸；8—缸座

　　图 2-15 为西马克公司设计的阶梯板轧线标高调整装置，其结构特点是：导向板

只起导向作用，直接固定在 AGC 缸活塞上的均压板上；安放阶梯板的框架是整体结构，底部两边缘安装自润滑耐磨板，在 AGC 缸体外 4 个滚轮上滚动；阶梯板由两个整体垫块组成，一个 4 级，一个 5 级，每相邻两级之间相差 15mm，可调整范围是 15mm×8＝120mm；与下支撑辊轴承座底部弧面垫配合使用；液压缸动作行程控制是多点位置控制，在液压缸上安装位移传感器来控制位置。

图 2-15　西马克公司设计的阶梯板标高调整装置
1—导向板；2—安放阶梯板的框架；3—液压缸；4—阶梯板；5—滚轮

2.3.6　支撑辊换辊轨道

　　支撑辊换辊轨道位于轧机牌坊窗口的底部、AGC 缸和轧机牌坊立柱之间。它有两种形式：一种是固定式，一种是升降式，升降式需要配备一套抬升装置。抬升装置用于抬升支撑辊换辊轨道及下辊系来实现换辊，同时提供阶梯板更换的空间。

奥钢联设计的支撑辊换辊轨道是固定式的，抬升支撑辊用 AGC 缸来完成，支撑辊轴承座在轨道上滑动换辊；西马克公司设计的支撑辊换辊轨道是垂直升降的，支撑辊轴承座也是在轨道上滑动换辊，轨道下面用 8 个垂直安装的液压缸来升降；而中国二重设计的支撑辊换辊轨道是通过传动侧的两个液压缸推动带滚轮的换辊轨道在斜面上行走来实现升降，并有一定的水平位移来实现与机外换辊轨道接平；支撑辊轴承座下面有带滚轮的支撑辊小车，小车沿换辊轨道行走。

图 2-16 为我国二重设计的斜面升降的支撑辊换辊轨道示意图。图 2-17 为西马克公司设计的可升降的支撑辊换辊轨道。图 2-18 为奥钢联设计的固定式支撑辊换辊轨道。

图 2-16　我国二重设计的支撑辊换辊轨道
1—两个升降液压缸；2—斜面；3—带轮子的支撑辊换辊轨道；
4—斜面横梁；5—支撑辊小车

2.3.7　换辊装置

中厚板轧机换辊装置包括工作辊快速换辊装置和支撑辊换辊装置，作用就是将旧辊从机架窗口中拉出，将新辊推入机架窗口。

图 2-17　西马克公司设计的支撑辊换辊轨道

1—支撑辊换辊轨道(2 根)；2—升降液压缸(8 个)；3—导向装置；4—液压缸座

图 2-18　奥钢联设计的支撑辊换辊轨道

1—轨道；2—连接梁

由于轧件在轧辊中间经过多个道次的可逆轧制才能达到成品厚度，所以轧辊磨损很快，轧辊更换周期很短，一般更换周期：工作辊 1~2 个班，支撑辊 15~30 天。因此，缩短换辊所占停机时间非常重要。现代的中厚板轧机工作辊换辊时间要求 10~15min，要经多个步骤来完成，所有的步骤是按逻辑顺序实现的。支撑辊换辊时间1~1.5h，动作比工作辊换辊复杂，有部分手动操作。

换辊方式多种多样，是根据用户的需求以及工艺布置等实际情况来决定的。有的要求将轧辊直接拉入磨辊间，有的是经过跨车来实现轧辊的过跨运输；换辊装置的动力有的是液压缸来驱动，有的是电动小车来驱动。下面介绍几种常用的换辊方式。

2.3.7.1 工作辊换辊装置

工作辊换辊装置有液压推拉+液压横移车式、电动推拉+液压横移车式。

A 液压推拉+液压横移车式

如图 2-19 所示，液压推拉+液压横移车式工作辊换辊装置由推拉液压缸、翻转

图 2-19　液压推拉+液压横移车式工作辊换辊装置

1—推拉液压缸；2—翻转架；3—翻转液压缸；4—横移平台；5—横移液压缸

架、翻转液压缸、横移平台、横移液压缸等组成，布置在轧机操作侧地面上。横移平台由横移液压缸驱动，其上有两组轨道可承放两组工作辊，一套为从磨辊间运来的新辊，一套为从轧机窗口内拉出来的旧辊。在横移缸的驱动下横移平台上的一组轨道与轧机窗口内的换辊轨道对准，供新旧轧辊更换。推拉缸固定在翻转架上，平时翻至地下作为平台，如图 2-19 中 A—A(1) 所示；当换辊时由翻转缸将其随同翻转架从地面下翻转出来到工作位置，如图 2-19 中 A—A(2) 所示。推拉缸用于先将旧辊从机架窗口中拉出至横移平台上，用横移缸驱动横移平台使新辊对准机架窗口后，将新辊推入轧机窗口内。推拉缸上换辊挂钩为自动摘挂的，横移平台是一个整体焊接件，通过定位销与小车相连接，当换支撑辊时，可整体吊离。

　　B　电动推拉+液压横移车式

　　如图 2-20 所示，电动推拉+液压横移车式工作辊换辊装置由换辊车、横移小车、横移液压缸等组成。两台横移小车上各自带一台电动推拉的换辊车，在横移液压缸的驱动下可实现横移小车的开合，以及各自与机架窗口对中。如图 2-20（b）所示，换支撑辊时横移小车各自向后运动，让开换辊的通道，解决换支撑辊时横移平台吊运问题。如图 2-20（c）所示，换工作辊时横移小车上的换辊轨道与机架窗口的换辊轨道交替对齐，实现新旧辊的更换。

(a)

图 2-20　电动推拉+液压横移车式工作辊换辊装置之一
1—换辊车；2—横移小车；3—横移液压缸

　　如图 2-21 所示，另一种电动推拉+液压横移车式工作辊换辊装置是将工作辊直接从主轧跨拉到磨辊间。它由电动换辊小车、横移平台、横移液压缸、中间架体等组成。

　　中间架体上设有横移台架行走的轨道以及换辊小车的行走轨道，横移平台在横移缸的作用下能够实现换辊轨道与轧机内的换辊轨道对中。换辊过程如下：一对新辊放在横移平台的换辊轨道上；另一侧的横移平台在横移缸的作用下，其上的换辊轨道与轧机内的换辊轨道对中；换辊小车将旧辊从机架内拉出，至横移处，在横移缸的驱动下横移平台横移到另一侧；放新辊的横移平台横移，其上的换辊轨道与轧机内的换辊轨道对中，换辊小车将新辊推入架内；换辊小车回退至横移处，放旧辊的横移平台移至轨道对中位置，换辊小车将旧辊推到中间架体上的小车行走轨道上，横移台架收回；中间架体在支撑辊换辊车的驱动下，沿行走轨道行走到磨辊间。

图 2-21　电动推拉+液压横移车式工作辊换辊装置之二

1—电动换辊小车；2—横移平台；3—横移液压缸；4—中间架体；5—支撑辊换辊车；6—行走轨道

2.3.7.2　支撑辊换辊装置

支撑辊换辊装置有液压推拉式和电动小车式。

A　液压推拉式

如图 2-22 所示，液压推拉式支撑辊换辊装置由推拉缸、换辊轨道、换辊鞍座等组成。其作用是将一对旧辊从轧机窗口中拉出至换辊位置，再将一对新辊利用换辊鞍座推入轧机窗口。其特点是结构简单，运行平稳可靠，应用广泛，液压缸占据的空间小，但长度方向尺寸大；换辊时轧机、推床等处于不工作状态，尽管液压缸行程大、缸径大，但可以充分利用轧机液压站，而不会增大泵站的能力。换下的支撑辊由天车吊起，放在过跨平车上，进入磨辊间。

图 2-22　液压推拉式支撑辊换辊装置
1—推拉缸；2—换辊轨道；3—换辊鞍座

B　电动小车式

如图 2-23 所示，电动小车式支撑辊换辊装置由电动小车、支撑辊换辊轨道、支撑辊换辊鞍座等构成，适用于换辊行程较大或直接将支撑辊拉入磨辊间的轧机。

C　挂钩、摘钩方式

为了加快换辊的速度，尽量使挂钩、摘钩自动完成。如图 2-24 所示，采用气缸（或液压缸）驱动实现自动挂钩与脱钩；如图 2-25 所示，挂钩固定在换辊车上，换辊过程中，轧辊抬起时，换辊车开进，到工作位置停止，轧辊落下，挂钩的钩头刚好卡在轧辊轴颈处，实现自动挂钩，脱钩时操作相反。

图 2-23　电动小车式支撑辊换辊装置

1—电动小车；2—支撑辊换辊轨道；3—支撑辊换辊鞍座

图 2-24　气缸（或液压缸）驱动挂钩、摘钩方式

1—挂钩；2—气缸（或液压缸）

图 2-25　挂钩固定在换辊车上

1—挂钩；2—轧辊

工作辊换辊轴承座和支撑辊换辊轴承座与轨道之间的运动关系，中国二重轴承座采用滚轮在轨道上滚动，两者之间是滚动摩擦关系；而西马克公司、奥钢联轴承座采用的是滑轨形式，滑轨在轨道上滑动，二者是滑动摩擦关系。由于滑动摩擦比滚动摩擦摩擦系数大得多，因此同样的轧辊，换辊电机或液压缸西马克公司、奥钢联公司的都要增大很多，结构复杂维护困难一些；同时由于氧化铁皮散落在轨道面上，不仅增大了滑动摩擦力，也加剧了轨道的磨损；而滚动摩擦除摩擦力较小外，对轨道的磨损也小得多。

微课：换辊
准备与操作

课件：换辊
准备与操作

2.3.8 粗轧换辊虚拟仿真操作

粗轧换辊操作台如图 2-26 所示。

图 2-26　粗轧换辊操作台按钮

换辊操作步骤如下。

（1）选择换辊模式 自动 或 手动，将轧机状态调至"换辊"状态，选择需要换的辊型 支撑辊 或者 工作辊。

（2）将主电机 关闭，轧辊冷却水 关闭，压下液压缸 泄压，稀油润滑"关闭"，阶梯垫 换辊，提升梁 提升，待换辊允许指示灯亮起之后，便可以开始换辊。

（3）自动模式，点击 自动 按钮，便可以进行自动更换 支撑辊 或者 工作辊。

（4）手动模式，换 工作辊 步骤如下：

1）上弯辊 平衡、下弯辊 缩回，入口出口侧导板打开，上下接轴定位 锁紧；

2）小车挂钩抬起，然后前进至轧机前；

3）小车挂钩落下，打开下挡板；

4）小车后退拉出 350mm，上弯辊 缩回，此时下工作辊轴承座下的定位销刚好对中到上工作辊轴承座定位孔，打开上挡板；

5）小车后退至换辊位，挂钩抬起；

6）横移平台 新辊位，侧移，等待新辊换上；

7）小车拉钩 落下，换辊小车 前进，将新辊装入轧机；

8）上工作辊位置就位，上工作辊接轴定位 松开，将上工作辊弯辊打至 平衡 状态，工作辊挡板 锁紧；

9）换辊小车 前进，下工作新辊入机架，下工作辊接轴定位 松开，将下工作

辊挡板 锁紧 ；

10）换辊小车拉钩 抬起 ，换辊车 后退 至初始位置；

11）出口侧导板、入口侧导板至 对中 ，上下弯辊缸至 弯辊 状态；完成换辊后，请完成轧制准备：轧机状态 轧制 、主电机 使能 、轧辊冷却 使能 、压下液压缸 使能 、稀油润滑 使能 、活套 低位 、提升梁 落下 。

（5）手动模式，换 支撑辊 步骤如下：

1）点击 空位 ，换辊横移平台横移，露出更换支撑辊的空位；

2）点击支撑辊换辊缸 伸长 ，将支撑辊换辊缸前进到机架前，将换辊缸挂钩与下支撑辊挂钩连接，点击挂钩 连接 ，点击下支撑辊挡板 打开 ，点击换辊缸 收缩 ，将下支撑辊拉出机架；

3）点击换辊支架 进入 ，吊车将换辊支架吊入至下支撑辊上放置好，操作换辊缸 伸长 ，将下支撑辊与换辊支架推入轧机；

4）点击上平衡缸 落下 ，将上支撑辊下降到换辊支架上， 打开 上支撑辊挡板，操作换辊缸 收缩 ，将上下支撑辊和换辊支架拉出轧机；

5）点击上支撑辊 新辊 ，天车将旧上支撑辊吊离，同时将新上支撑辊调至换辊支架上；

6）操作换辊缸 伸长 ，将上下支撑辊和换辊支架推进机架，到位后上支撑辊挡板 锁紧 ，上平衡缸 平衡 ；

7）操作换辊缸 收缩 ，将换辊支架和下支撑辊拉出机架，操作换辊支架 退出 ，由吊车将换辊支架吊离，点击下支撑辊 新辊 ，由天车将旧的下支撑辊吊离，将新下支撑辊吊入原旧支撑辊放置的位置；

8）操作换辊缸 伸长 ，将下支撑辊推入机架，操作下支撑辊挡板 锁紧 ，挂钩 脱开 ，换辊缸 收缩 后退回位。

2.3.9　精轧换辊虚拟仿真操作

精轧换辊操作台如图 2-27 所示。

图 2-27　精轧换辊操作台按钮

换辊操作步骤如下。

（1）选择换辊模式 自动 或 手动 ，将轧机状态调至 换辊 状态，选择需要换的辊型。 支撑辊 或者 工作辊 。

（2）将主电机 关闭 ，轧辊冷却水 关闭 ，压下液压缸 泄压 ，稀油润滑 关闭 ，阶梯垫 换辊 ，提升梁 提升 ，待换辊允许指示灯亮起之后，便可以开始换辊。

（3）自动模式，点击 自动 按钮，便可以进行自动更换 支撑辊 或者 工作辊 。

（4）手动模式，换 工作辊 步骤如下：

1）上弯辊 平衡 、下弯辊 缩回 ，入口出口侧导板打开，上下接轴定位 锁紧 ；

2）小车挂钩抬起，然后前进至轧机前；

3）小车挂钩落下，打开下挡板；

4）小车后退拉出 350mm，上弯辊 缩回 ，此时下工作辊轴承座下的定位销刚好对中到上工作辊轴承座定位孔，打开上挡板；

5）小车后退至换辊位，挂钩抬起；

6）横移平台 新辊位 ，侧移，等待新辊换上；

7）小车拉钩 落下 ，换辊小车 前进 ，将新辊装入轧机；

8）上工作辊位置就位，上工作辊接轴定位 松开 ，将上工作辊弯辊打至 平衡 状态，工作辊挡板 锁紧 ；

9）换辊小车 前进 ，下工作新辊入机架，下工作辊接轴定位 松开 ，将下工作辊挡板 锁紧 ；

10）换辊小车拉钩 抬起 ，换辊车 后退 至初始位置；

11）出口侧导板、入口侧导板至 对中 ，上下弯辊缸至 弯辊 状态；完成换辊后，请完成轧制准备：轧机状态 轧制 、主电机 使能 、轧辊冷却 使能 、压下液压缸 使能 、稀油润滑 使能 、活套 低位 、提升梁 落下 。

（5）手动模式，换 支撑辊 步骤如下：

1）点击 空位 ，换辊横移平台横移，露出更换支撑辊的空位；

2）点击支撑辊换辊缸 伸长 ，将支撑辊换辊缸前进到机架前，将换辊缸挂钩与下支撑辊挂钩连接，点击挂钩 连接 ，点击下支撑辊挡板 打开 ，点击换辊缸 收缩 ，将下支撑辊拉出机架；

3）点击换辊支架 进入 ，吊车将换辊支架吊入至下支撑辊上放置好，操作换辊缸 伸长 ，将下支撑辊与换辊支架推入轧机；

4）点击上平衡缸 落下 ，将上支撑辊下降到换辊支架上，打开 上支撑辊挡板，

操作换辊缸 收缩 ，将上下支撑辊和换辊支架拉出轧机；

5）点击上支撑辊 新辊 ，天车将旧上支撑辊吊离，同时将新上支撑辊调至换辊支架上；

6）操作换辊缸 伸长 ，将上下支撑辊和换辊支架推进机架，到位后上支撑辊挡板 锁紧 ，上平衡缸 平衡 ；

7）操作换辊缸 收缩 ，将换辊支架和下支撑辊拉出机架，操作换辊支架 退出 ，由吊车将换辊支架吊离，点击下支撑辊 新辊 ，由天车将旧的下支撑辊吊离，将新下支撑辊吊入原旧支撑辊放置的位置；

8）操作换辊缸 伸长 ，将下支撑辊推入机架，操作下支撑辊挡板 锁紧 ，挂钩 脱开 ，换辊缸 收缩 后退回位。

2.4　立辊轧机

2.4.1　概述

立辊轧机一般由机架、压下系统、传动装置、立辊辊系等组成。立辊由电机通过减速机和万向接轴进行传动。其中上传动立辊轧机的电机一般为立式安装。而下传动的立辊轧机一般由卧式安装的交流电机通过花键轴、锥齿轮和直齿轮带动立辊转动。

立辊装配在可移动的轧机辊架中，机械式压下系统一般采用交流变频电机通过蜗轮减速机带动压下丝杆完成压下动作。

立辊及轧机辊架通过液压缸（AWC缸）进行移动，并具有自动宽度控制（AWC）和短行程控制（SSC）功能，可配合平面形状控制技术提高钢板宽度的尺寸精度，同时也可有效地控制钢板头部和尾部的形状。

两个液压缸（AWC缸）配有内置位移传感器，以便准确定位，轧制前AWC必须处于"接通"状态，辊缝先调到设定位置，该位置随轧件出口厚度和预计的轧制力（为加载的辊缝基准）变化。

立辊轧机按传动方式可分为上传动或下传动立辊轧机，并有单电机传动和双电机传动之分。根据电机的安装方式也可分为卧式电机传动和立式电机传动方式。分离式立辊轧机主要采用下传动，仅在国外有少量的分离式立辊轧机采用上传动形式。近接式立辊轧机主要采用上传动，但部分卷轧中板的炉卷轧机采用了下传动形式。

上传动立辊轧机通常附着安装在轧机的入口或出口侧，与下传动相比，传动机构简单，易于维护。但该种机型体积庞大，设备较重，投资相对较高，并严重影响操作视线，使操作工无法监测该区域的轧制状态，当出现异常事故时难以做出迅速反应。

下传动立辊轧机在轧制线以上的空间开阔，操作视线好。但主要部件均在轧制线下方，设备基础较深，维修空间狭小，传动机构复杂，工作环境恶劣，设备检修和维护较为困难。

2.4.2 立辊轧机的主要作用

立辊轧机的主要作用如下。

（1）立辊轧边法控制钢板的平面形状，减少了切边量，提高了板坯成材率。有资料显示，采用新型立辊轧机综合成材率提高 0.5%~1.5%，这对于不锈钢及各种合金钢更为必要。

（2）齐边功能，将水平轧制钢板展宽量压缩回去，保持既定的板宽，并可消除凸凹形板边，防止轧件边缘产生鼓形、裂边、边部折叠、边部减薄，形成边缘整齐的板材。

（3）立辊轧机配合四辊轧机使用 MAS 法轧制，可以很好地控制钢板的平面形状，实现无切边轧制。

2.4.3 立辊轧机的设备组成

2.4.3.1 上传动式立辊轧机

图 2-28 为国内某公司的上传动式立辊轧机组成示意图，其由机架装配、立辊辊系、侧压系统、侧压平衡装置、主传动装置、接轴平衡装置、中间过桥、导卫装置、机架辊（图中未示）等组成。

图 2-28　上传动式立辊轧机的组成

1—机架装配；2—立辊辊系；3—侧压系统；4—侧压平衡装置；5—主传动装置；
6—接轴平衡装置；7—中间过桥；8—导卫装置

A 机架装配

机架是轧机最终承受轧制力的部件，需要有足够的强度和刚度。有整体铸造式机架和组合式机架，整体铸造式机架刚性好，但加工和运输不便。如图 2-29 所示，

图 2-29 组合式机架

1—牌坊横梁；2—底板；3—上立柱；4—下立柱；5—预应力螺栓；
6—支架；7—导轨；8—滑板

组合式机架由牌坊横梁（两片）、底板（两片）、上立柱（两根）、下立柱（两根）、预应力螺栓、支架、导轨等组成。两片牌坊横梁与四根立柱，通过预应力螺栓连接组成机架，安装在与基础相连接的底板上。左右支架连成一体组成上部平台安装在机架上，用于安装主传动减速机及接轴平衡系统；上立柱安装有轧辊行走导轨，上下立柱内侧均设有滑板；机械压下、液压 AWC 以及侧压平衡装置分别安装在左右两片牌坊横梁上。立辊轧机机架与四辊轧机机架通过特殊结构相连，可大大增强高大立辊轧机的稳定性。

    B   立辊辊系

辊系是立辊轧机中的核心部件，由左右两个轧辊装配组成，位于对称轧机中心线部位，轴承座上的钩头与平衡滑架上的钩头连成一体，安装在牌坊窗口内。辊系中轧辊开口度调整由侧压机构及平衡装置完成；轧辊上部扁头与主传动系统中的接轴轴套相配合，主电机旋转实现轧辊对轧件的轧制。上轴承座装有行走轮，轴承座两侧装有滑板，在牌坊窗口内滑动。滑架上装有冷却水集管及吹扫集管，如图 2-30 所示。

图 2-30　立辊辊系
1—冷却水；2—吹扫水；3—平衡滑架；4—轴承座

如图 2-31 所示，轧辊装配由行走轮装置、上轴承座、保护杆及挡水板、轧辊、下轴承座、导板、滑板、轴承等组成。图 2-31 中 a 为轴承座压下螺丝作用部位，承接压下螺丝弧面头部的压下作用。

图 2-31　轧辊装配

1—行走轮装置；2—上轴承座；3—保护杆及挡水板；4—轧辊；

5—下轴承座；6—导板；7—滑板；8—轴承；9—密封

　　行走轮装置安装在上轴承座上，将整个轧辊吊挂在轧机上立柱轨道上。滚轮在轨道上滚动，滚轮内装有滚动轴承。行走轮装置采用集中干油润滑。

　　上下轴承座设计有钩头结构，与平衡横梁中的钩头相连，这样在侧压系统以及平衡缸的作用下轧辊实现开口度调整。

　　保护杆连接上下轴承座，使装配完毕的轧辊轴承座方向一致，保证换辊时不发生相互转向。同时，挡水板固定在保护杆上。

　　轧辊在轧制过程中直接与轧件接触，承受轧制力、轧件的冲击、热辐射、冷却水的激冷，因此对轧辊的强度、表面硬度、抗弯韧性、耐热性及耐用性有着严格的质量要求。轧辊强度是最基本的指标，在满足强度要求的同时，还必须有较高的耐冲击性和抗弯韧性。因此轧辊材质、热处理以及结构尺寸的合理选取及确定是十分重要的。轧辊一般采用高铬铸钢或半钢轧辊，表面硬度 HS40 ~ HS45；轧制过程中，为了保证侧压时的稳定，轧辊辊身上下带有凸缘，辊身有两种形状，分别为圆柱形和圆锥形（上大下小，锥度一般为 5%）。

　　轧辊轴承一般采用双列圆锥或四列圆锥辊子轴承，能够适应立辊轧机的工作情况，安装与拆卸都很方便，采用稀油润滑。

　　在轧制过程中，轧辊要承受轧件的高温，为了能够使轧辊及时得到冷却，需要向轧辊喷射冷却水。为了不使冷却水直接落在轧件上，在保护杆上设置了挡水板；为了清除氧化铁皮，设有下立柱滑板吹扫装置。所有冷却水、吹扫用水的喷射系统均设在滑架上，压力一般为 0.3 ~ 0.5MPa，如图 2-30 所示。

　　C　侧压系统

　　侧压系统用于轧辊开口度调整。立辊轧机宽度调整范围大，动作频繁。侧压系统均采用两套侧压装置，电动侧压+液压 AWC，即空载时电动调整，轧制时由 AWC 系统完成。

电动侧压速度（单侧）一般为 100~150mm/s；液压侧压速度（单侧）一般为 70~125mm/s，压下量最大可达约 30mm/侧。

电动侧压装置由侧压电机、侧压减速机、位移传感器、侧压螺丝、侧压螺母、止推轴承、轧制力传感器、联轴器、止推轴承座、均压垫、同步轴、导向杆、伸缩罩、防旋转支架、制动器等组成，如图 2-32 所示。

图 2-32 侧压系统的组成

1—侧压电机；2—侧压减速机；3—位移传感器；4—侧压螺丝；5—侧压螺母；6—球面垫；
7—轧制力传感器；8—联轴器；9—凹面垫；10—止推轴承座；11—均压垫；12—轴承座；
13—同步轴；14—导向杆；15—伸缩罩；16—防旋转支架；17—制动器；18—中间过桥

侧压电机采用低惯量直流电机或交流变频电机，带旋转编码器，能够实现无级调速，满足多种压下速度的要求。

侧压减速机采用蜗轮蜗杆减速机。

侧压螺母采用30°+3°锯齿形螺纹，3°面为受力面，30°面为传动面，受力牙面均有润滑油，齿根部位有润滑油孔。采用离心浇铸或金属模铸黄铜合金加工而成。

位移传感器当今采用大量程磁致（MTS）伸缩位移传感器，安装在侧压螺丝上。

侧压螺丝采用合金锻钢材料，侧压螺丝上部为外花键，与侧压减速机蜗轮的内花键构成一对花键副；侧压螺丝下部为锯齿形螺纹，与固定在机架内的侧压螺母构成一对螺纹副。丝杠丝母采用稀油润滑。

止推轴承由球面垫、凹面垫组成，具有承载能力强、使用可靠的特点。

轧制力传感器在轧制过程中测量轧制力，是重要的检测元件。为了节约成本，可以只在单侧轧辊上下轴承座中装有传感器，另一侧用代用垫代替。

同步轴连接上下两个侧压减速机，达到同步侧压的目的。

液压AWC装置如同四辊轧机中的液压AGC系统一样，主要作用是：带钢压下，自动宽度控制和短行程控制（SSC）；可配合平面形状控制技术提高钢板宽度的尺寸精度；同时也可有效地控制钢板头部和尾部的形状。但液压AWC位置控制的精度远没有液压AGC的控制精度高，精度达到0.1mm即可。液压AWC装置由液压缸、位移传感器、液压控制系统等组成，如图2-33所示。侧压螺母固定在液压缸活塞内，通过液压缸带动侧压螺母动作，完成短行程控制及AWC功能，液压缸的行程约为60mm。这种短行程AWC缸可装置在机架牌坊内，也可设置在辊系平衡滑架上。

图2-33　液压AWC装置

1—侧压螺母；2—活塞；3—缸体1；4—缸体2；5—侧压丝杠；6—位移传感器；a，b—油腔

D 侧压平衡系统

侧压平衡系统的作用是消除传动系统中的各种间隙，改善冲击振动，与侧压系统一起完成轧辊开口度的调整。组成有平衡缸、平衡滑架等，如图 2-34 所示。平衡缸固定在牌坊横梁上，活塞杆头部铰接在平衡滑架上，平衡滑架与立辊轴承座的钩头相连，如图 2-30 中 *A—A* 视图所示。

图 2-34 侧压平衡系统
1—侧压系统；2—平衡缸；3—平衡滑架；4—轧辊

E 主传动装置

立辊轧机是通过主电机传动减速机，经接轴传动轧辊的。电机有卧式及立式两种，若采用卧式传动，与之相配的减速机必须采用锥齿轮和圆柱齿轮的复合减速机，大型高速锥齿轮加工困难，传动噪声大；立式传动，减速机只采用圆柱齿轮，加工方便，使用可靠。两台主电机可以安装在减速机上方，也可安装在减速机下方。轧辊通过电气方式实现同步。齿轮箱采用稀油润滑。

如图 2-35 所示，立式传动主电机安装在减速机下方的主传动装置，由主电机、齿式联轴器、齿轮轴、中间齿轮、花键轴套、齿轮（带内齿花键）、接轴等组成。从图中可以看出，齿轮轴、中间齿轮和齿轮组成了减速机。主电机通过齿式联轴器与减速机中的齿轮轴相连，花键轴套与齿轮（带内齿花键）相配合，其中一端与十字轴连接，这样主电机通过齿轮箱经接轴传动轧辊。

F 接轴平衡装置

主传动中的接轴重量比较大。为了消除接轴重量对工作辊产生的过大附加载荷，减少冲击和磨损，以及换辊时能将接轴提起，通常采用液压式接轴平衡装置。平衡力的大小与被平衡重量基本相等。

G 中间过桥、导卫装置、机架辊

在机架的下立柱上的中间位置处设置有中间过桥，由惰辊与辊座组成，其作用是对轧件起到支撑作用，如图 2-36 所示。

立辊轧机入口侧、出口侧的上横梁上设有固定导板；入口侧机架辊的上方设有可开合的导卫板，导卫板固定在平衡滑架上，随同平衡滑架运动，滑道设在上横梁上，如图 2-36 所示。

在立辊轧机的进出口各设有两根机架辊，其作用、组成与四辊轧机的机架辊基本一样，如图 2-36 所示。

图 2-35　主传动装置

1—主电机；2—齿式联轴器；3—齿轮轴；4—中间齿轮；5—花键轴套；

6—齿轮(带内齿花键)；7—接轴；8—平衡缸

图 2-36　中间过桥、导卫装置、机架辊

1—导卫板；2—上导卫；3—机架辊；4—中间过桥；5—固定导板

2.4.3.2　下传动式立辊轧机

如图 2-37 所示，下传动式立辊轧机由机架装配、立辊辊系、侧压系统、侧压平衡系统、主传动装置、中间过桥、导卫装置、机架辊（图中未示出）等组成。

机架装配：取消了上传动方式中的支架，机架底部增加了一组横梁，横梁上设有滑道，主传动装置中锥齿轮减速机吊挂在滑道上，并可以在滑道中行走。

立辊辊系：上传动方式轧辊扁头在上方；下传动方式轧辊扁头朝下，以便传动。

侧压平衡系统：与上传动方式相比，采用两个平衡液压缸驱动平衡滑架，液压缸位于平衡滑架的上下两端的端部。

图 2-37 下传动式立辊轧机

1—机架装配；2—立辊辊系；3—侧压系统；4—侧压平衡系统；5—主传动装置；
6—中间过桥；7—导卫装置

主传动装置：采用卧式电机传动，电气同步，如图 2-38 所示，由电机、立式减速机、锥齿轮减速机、传动轴等组成。

图 2-38 下传动式立辊轧机的主传动装置

1—电机；2—立式减速机；3—传动轴；4—锥齿轮减速机

立式圆柱齿轮减速机的上齿轮设有花键套，传动轴的花键可在花键套中滑动；传动轴一端设有花键，一端采用十字轴形式并与锥齿轮减速机的输入轴相连；锥齿轮减速机吊挂在机架装配的滑道上，随同轧辊的开合在滑道上行走。

我国近几年新建的中厚板生产线上的立辊轧机大多采用上传动方式，近接布置在四辊轧机出口侧或入口侧，是轧制生产线上最高的单体设备。上传动方式的立辊轧机虽然工作环境较好，但一次性投资大，轧辊、接轴更换困难，设备维护以及操作都不方便。

下传动方式的立辊轧机设备高度降低，操作视野开阔，设备重量减轻，取消了两根接轴，换辊方便；传动系统虽然工作环境不好（受水、蒸汽及氧化铁皮的影响），维护不便，但随着机械加工精度、可靠性以及密封技术的提高，维护量大大降低，近期有所发展。

2.4.4　轧辊更换

轧辊更换周期一般为 25~35 天。

上传动式立辊轧机轧辊的更换步骤是：首先轧辊停车在最大开口度位置，然后侧压平衡缸将一侧轧辊推到接轴的铅垂位置，接轴平衡缸提起接轴，使接轴扁头套与轧辊扁头脱开，上导卫的固定销卸下，中间过桥的固定销卸下，将上导卫、中间过桥在机架窗口中推向另一侧，侧压平衡缸将轧辊推到正中换辊位置，然后通过天车和专用吊具吊走，也有采用 C 形钩来换辊。总之更换立辊步骤比较繁琐，起吊高度大，须仔细小心。

下传动式立辊轧机轧辊通过天车直接吊走。

2.5　某车间换辊操作

2.5.1　换辊规定

（1）上下支撑辊为平辊，轧制量 12 万吨左右更换一次，按年产 96 万吨计算，年换辊 8 次。

（2）上下工作辊应根据支撑辊的轧制量配置辊型，每套辊的轧制量不大于6000t。当横向同板差达到 0.2mm 或钢板平直度达不到要求时，应及时换辊。

（3）工作辊表面出现热裂纹、压痕、掉肉、护板耳朵开裂或影响钢板表面质量缺陷，应立即更换。

2.5.2　轧辊准备与管理

（1）认真清洗轴承座和轴承，检查调整好间隙。
（2）轧辊轴承和轴承座应经常检查，定期调整。
（3）轧辊修磨要求见表 2-1。
（4）仔细检查轧辊表面、辊颈、辊头。
（5）磨削合格的轧辊，不得与水泥或其他腐蚀介质接触。
（6）轧辊吊运过程中，不得与坚硬物体碰撞。
（7）做好每一套轧辊的修磨、轴承座的装配、使用周期的详细记录，建立档案。

表 2-1 轧辊修磨要求

项　目	圆柱度/mm	圆度/mm	同轴度/mm	粗糙度 Ra/μm
要　求	<0.01	<0.01	<0.01	0.8

2.5.3　轧辊安装与调整标准

（1）支撑辊轴承座与牌坊滑板间隙的总和应小于 1mm。

（2）下支撑辊的水平度不大于 0.1mm/m，新换上的支撑辊应先调整好水平度。支撑辊辊型为折线型，即中间为平型，两边各 250~300mm 的折线，辊身边缘比辊身中间直径小 1.0~2.0mm。

（3）导卫板安装前应检查是否有裂纹、弯曲变形等缺陷存在。同一轧辊应使用磨损程度相同的导卫板。

（4）要保证轧制标高，下工作辊面比机架辊高 35~40mm。

（5）导卫板水平顶点距工作辊辊面间隙为 3~4mm。

（6）工作辊的配置，一般采用下压的配置方式，下辊直径大于上辊直径 5~15mm。

（7）下工作辊刮鳞板安装到位，紧贴辊身表面。勤检查法兰盘，发现滑丝及松动者及时更换或焊接，避免刮鳞板脱落。

（8）工作辊辊型为平辊。

2.5.4　换辊程序

2.5.4.1　手动及联锁装入新辊

（1）上支撑辊平衡缸处于最低位置，支撑辊换辊轨道处于最低位置（与外部轨道对齐），阶梯板横移缸处于换辊空程位置。

（2）各工作辊平衡缸缸杆处于缩回位置，导板升降缸使上导板处于窗口中部，接轴扁头处于铅垂位置，接轴定位缸处于卡紧状态，各轴端卡板处于打开位置（缸杆缩回）。

（3）支撑辊换辊机将一对支撑辊由磨辊间推至轧机前。

（4）用支撑辊换辊机将一对支撑辊向机架内推进，当进入机架时要点动确认无误方可继续推进到位，最后将上支撑辊轴端卡板闭合。

（5）压下螺丝与平衡液压缸，在接通高压油路后同步启动，将上支撑辊升至换工作辊位置后锁定。

（6）用支撑辊换辊机将下支撑辊及其上面的换辊托架拉出，用吊车吊走换辊托架后，再将下支撑辊推入机架到位，下支撑辊轴端卡板闭合。换辊小车后退 10mm，换辊机电动缸动作，换辊机与下支撑辊脱钩并后退。

（7）换辊及标高调整装置中的抬升缸将下支撑辊抬升至上极限位置（即上升 255mm）后锁定。

（8）轨道抬升缸泄压下降，支撑辊换辊轨道降至最低位置，至此，推入支撑辊动作已完成。

（9）预先组装好的上下轴向错位 200mm 的一对新工作辊吊放至横移小车的轨道上，下工作辊应与换辊小车准确挂钩。旋转轨道液压缸动作，旋转轨道与对侧的固定轨道搭接好后（机械限位），横移液压缸动作将一对新工作辊推到机架窗口中心后停止，此时横移小车轨道中心正好对准轧机中心。

（10）开动工作辊换辊机将该对工作辊推入机架至上工作辊到位（进入机架和接轴扁头时要小心点动直到无误）后，上工作辊轴端卡板闭合（缸杆伸出）上接轴夹紧缸活塞杆退回。

（11）上工作辊平衡缸升起，将上工作辊顶起至与上支撑辊靠紧。

（12）工作辊换辊机继续将下辊推入 200mm，使下工作辊到位后，下工作辊轴端卡板闭合，下接轴定位夹紧缸活塞退回。

（13）换辊及标高调整装置中的抬升缸将下支撑辊抬升至上极限位置（此时抬升重量已包括下工作辊重量）后锁定，下工作辊随之抬起，与换辊小车脱钩，换辊小车退回原位。开动阶梯板横移缸使设定厚度的阶梯板处于工作位置。

（14）抬升缸泄压，使支撑辊换辊轨道降至最低位置，下支撑辊与阶梯板压紧，下工作辊平衡缸活塞杆伸出将下工作辊与下支撑辊压紧。

（15）导板抬升缸动作使上导板与上工作辊固定导板贴合。将上支承辊平衡缸接通为轧制工作状态平衡压力，接通轧辊冷却水。

（16）调整轧机开口度，轧机开始工作。

2.5.4.2　换工作辊

A　换辊准备工作

（1）轧钢备品辊组提前把所要更换的轧辊备好，并在导板上写清轧辊直径和辊型数值。

（2）轧钢工换辊前应了解所换轧辊直径和辊型，检查备用辊的轴承座注油情况，导板、刮鳞板安装情况，换辊小车及吊辊钢丝绳是否正常，否则重新调整或准备。

（3）将新工作辊成对吊至位于轧机窗口外侧的横移小车的正确位置上。上下工作辊轴向错开 200mm。

（4）合上旋转辊道。横移小车（空车）中心对准轧机窗口，人工检查横移小车上的轨道与轧机换辊固定轨道对齐，间隙不大于 5mm。

B　换辊程序

（1）换辊小车已开至轧机前等待位置，压下螺丝及支撑辊平衡装置，上工作辊平衡缸同步上升，使上部工作辊及支撑辊轴承座至换辊位置后锁定（新辊状态下工作辊开口度定为 110mm，轧制标高为+840mm），导板打开至换辊位置、接轴扁头已处于铅垂位置。

（2）换辊及标高调整装置中的抬升缸升至极限位置（110mm）后锁定，阶梯板横移缸动作，缸杆伸出至换辊空程位置。

（3）抬升缸泄压，支撑辊换辊轨道降至最低位置，下工作辊随之降至工作辊换辊的固定轨道上，完成与换辊小车的挂钩，下接轴定位夹紧缸夹紧（缸杆伸出）。

（4）下工作辊轴端卡板打开，换辊小车后退使下工作辊拉出 200mm 停下。

（5）上工作辊平衡缸杆缩回至最低位置，使上工作辊稳稳地坐在下工作辊轴承座定位销，上工作辊轴端卡板打开（缸杆缩回），上接轴定位夹紧缸活塞杆伸出，将接轴头夹住定位，换辊小车继续退回至换辊位置，至此，工作辊拉出动作完成，接此即可装新工作辊，也可更换支撑辊。

C　更换支撑辊

（1）工作辊拉出吊离后，将横移小车开至轧机入口及出口侧，为换支撑辊空出空间。

（2）换辊及标高调整装置中的抬升缸升至极限位置（110）锁定，然后开动阶梯板横移缸进入空程，支撑辊换辊机开至挂钩位置，停止，等待挂钩。

（3）抬升缸泄压、支撑辊换辊轨道降至最低位置，下支撑辊落至换辊轨道上，支撑辊换辊机电动缸完成自动挂钩。

（4）打开下支撑辊轴端卡板，将下支撑辊从机架拉出轧机外，用吊车将换辊托架安装就位后再用支撑辊换辊机将下支撑辊轴承连同换辊托架一起推入机架到位。

（5）上支撑辊平衡缸下降至极限位置，确定上支撑辊已准确放在换辊托架定位后，上支撑辊轴端卡板打开。

（6）开动支撑辊换辊机将换下的支撑辊拉出机架并直接拉到磨辊间。

2.5.5　轧辊使用要求

（1）工作辊辊身冷却水应畅通，保证辊面温度不超过 60℃。

（2）轧制翘钢或刮框板后应立即停车检查辊面和上护板，如发现工作辊表面出现压痕、裂纹、掉皮及护板耳朵开裂等缺陷，应立即换辊。

（3）冬季（11—2 月）换辊、投入新辊或停轧 8h 以上再生产时应进行 1h 的慢速轧制以便轧辊充分预热，此时应以平时正常压下量的 60%～70% 进行控制，并应减少冷却水。

（4）卡钢或跳闸时，应立即关闭冷却水，待轧件退出轧辊后，空转 2～5min，再适当给冷却水；停车超过 5min 应关闭轧辊冷却水。

（5）轧制规格的安排应为：轧辊使用前期轧制窄厚规格，中期轧制宽薄规格，后期轧制窄厚规格。新投入使用的轧辊在使用初期应安排厚规格、短尺寸的钢板，以利于烫辊。

2.6　轧机预调整

2.6.1　轧前接班检查

（1）接班应检查主机列、推床、辊道、导卫护板、冷却水管、液压缸及除鳞水嘴等各部位，排除可能影响生产、设备安全运行、环保和产品质量的因素。

（2）认真检查轧辊辊面（停机），不得有影响钢板质量的压痕、裂纹、掉肉等缺陷，否则应立即更换。

（3）接班后，了解上一班的辊缝值、弹跳值及板形等情况，应将轧辊压靠进行清零。

（4）检查除鳞箱、转钢机、推床、轧机、辊道、高压水除鳞（轧机上）、AGC、APC、控冷系统等操作信号是否正常。

上述各项经检查确认一切正常后，方可开车生产。

微课：四辊
轧机的预调

课件：四辊
轧机的预调

2.6.2　某车间轧机调整

2.6.2.1　手动调平、调零操作

为保证轧辊辊缝一致，需进行调平操作。如果液压已投入，则先使轧辊压靠（单侧压力不大于 15000kN，两侧压力和不大于 30000kN。液压缸的油柱高度为 10mm），观察两侧压力，如不一致，则应打开压下离合器，低速将一侧压下丝杠进行微量调整，直至两侧压力基本一致为止。然后将辊缝值清零。最后将液压缸处于卸油状态后（液压缸的油柱高度为 0），抬起轧辊至适当位置后恢复油柱高度至 10mm 准备轧钢。

如果液压未投入，应准备两根规格一致的盘条，将其各放在下工作辊离端面 200～300mm 距离处（两边距离应一致），然后点动压下装置压盘条，观察两侧的压力数值，然后测量两根盘条的变形尺寸，最后打开离合器将尺寸大的一侧按盘条的尺寸差值经放大调整压下丝杠，直至两侧辊缝值基本一致为止。然后将轧辊抬起至适当位置，准备调零操作。调零时应先将压头"清零"，两侧"清零压力"应不大于 3000kN（单侧压力不大于 1500kN）。调零完毕后将轧辊抬起准备轧钢。

2.6.2.2　自动调零操作

（1）确认主传动、电动压下传动系统、AGC 液压站和轧机液压站运行正常。

（2）进入 HMI 轧机调零画面，如果轧机调零状态允许则按钮"切换到调零过程画面"为可用状态。按 切换到调零过程画面 即可进入调零过程画面。

（3）系统自动检测一系列条件（包括液压系统运行且无故障、上下辊传动主接触器合闸、压下主接触器合闸、支撑辊平衡 OK、液压系统非快卸、非紧急停车、非手动轧钢），绿灯亮为正常。上述条件有一个不满足则调零不能继续进行，若都满足则向下的箭头变为实心，开始调零 按钮出现。

（4）按 开始调零 按钮 2s 后，向下的箭头变为实心，出现 开动主传动 和 终止调零 按钮。

（5）按 开动主传动 按钮，速度达到基准值时向右箭头变为实心，出现 调零进行中，请等待…… 和 终止调零 按钮。

（6）在调零过程中，随时可以按 终止调零 按钮结束调零过程。

（7）上述步骤正常完成则出现"调零正常完成"和按钮 接受调零数据 及 放弃调零数据 。要保留调零数据则按 接受调零数据 ，否则按 放弃调零数据 。

（8）按 退出调零画 面则退出调零过程画面（调零过程中不要按此按钮）。

（9）如果未具备液压 AGC，则应在手动方式下使用电动压下压靠轧辊进行调零。压靠力应不大于 2000kN，否则电动压下系统可能出现卡阻。

（10）调零完毕后，将轧辊抬起 20mm 后切换到所需工作状态。

2.6.2.3　空压靠刚度测试操作

（1）确认主传动、电动压下传动系统、AGC 液压站和轧机液压站运行正常。

（2）进入 HMI 轧机空压靠刚度测试画面，如果轧机刚度测试允许的情况下，按钮 空压靠刚度测试过程 为可用状态。按 空压靠刚度测试过程 即可进入空压靠刚度测试过程画面。

（3）系统自动检测一系列条件（包括液压系统运行且无故障、上下辊传动主接触器合闸、压下主接触器合闸、支撑辊平衡 OK、液压系统非快卸、非紧急停车、非手动轧钢），绿灯亮为正常。上述条件有一个不满足则刚度测试不能继续进行，若都满足则向下的箭头变为实心， 开始刚度测试 按钮出现。

（4）按 开始刚度测试 按钮 2s 后，向下的箭头变为实心，出现 开动主传动 和 终止测试 按钮。

（5）按 开动主传动 按钮，速度达到基准值时向右箭头变为实心，出现 刚度测试进行中，请等待…… 和 终止测试 按钮。

（6）在刚度测试过程中，随时可以按 终止刚度测试 按钮结束刚度测试过程。

（7）上述步骤正常完成则出现"刚度测试正常完成"和按钮 接受测试数据 及 放弃测试数据 。要保留刚度测试数据则按 接受测试数据 ，否则按 放弃测试数据 。

（8）按 退出测试画面 则退出空压靠刚度测试过程画面（刚度测试过程中不要按此按钮）。

3 中厚板轧制生产工艺操作

3.1 除 鳞

3.1.1 概述

钢在高温下，其表面的铁元素与空气中的氧气发生化学反应生成氧化物。氧化物形式有三种，从内向外依次为氧化亚铁、四氧化三铁和三氧化二铁。

在三种氧化物中，氧化亚铁的氧含量最低，并且处于氧化物的最里层。当温度低于570℃时，氧化亚铁处于不稳定的状态。氧化亚铁在氧化铁皮中所占的比例可随钢坯的表面温度的提高而增加，当钢坯的温度超过700℃时，氧化亚铁在氧化皮中的含量（质量分数）大约占95%。氧化亚铁与氧化铁皮中的其他成分相比，熔点较低，一般在1370~1425℃就可以熔化。氧化亚铁层的熔化往往加速氧化铁皮的生成速率，增大向晶界的渗透，从而引起板坯表面的质量问题，同时增加了能源消耗，降低了钢的屈服强度。

四氧化三铁是氧化铁皮的中间一层，当板坯温度低于500℃时，氧化铁皮只是由四氧化三铁单一相组成。温度增加到大约700℃时，在四氧化三铁中开始形成氧化亚铁，并且在很高的温度下，四氧化三铁约占氧化铁皮含量的4%。四氧化三铁是一种比氧化亚铁更硬，并且更耐磨的铁皮。

三氧化二铁处于氧化铁皮的最外层，它通常在温度高于800℃时形成，并且在高温下存在，一般只占氧化铁皮含量的1%。

通过对氧化铁皮横断面的观察研究发现，在整个断面上分布着大量的尺寸不同的孔洞。板坯在加热的过程中，随着氧化铁皮的增厚，这些孔洞的商量和尺寸也在不断地增加。研究认为，这些孔洞的数量和形状尺寸对于除鳞的效果有较大的影响。如氧化铁皮内孔洞较大，当裂纹达到紧密层和多孔层时，由于孔洞对盈利的缓解作用而中止了裂纹向钢基的延伸。而对于氧化铁皮孔洞较小的钢，孔洞对盈利的缓解作用也相应地小，因此裂纹可以穿过孔洞直达钢基表面。对这两种不同孔洞的氧化铁皮进行高压水除鳞，产生的效果不同。

氧化铁皮的剥离性在很大程度上取决于裂纹的形态。连铸坯离开加热炉后到喷水除鳞开始，温度通常会有一定的下降。由于板坯表面的氧化铁皮与母体金属的线胀系数不同，温度下降时就会在板坯表面的氧化铁皮内产生裂纹。改变氧化铁皮中裂纹的形态，就有利于氧化铁皮的清除。

板坯表面的氧化铁皮如果不去除，在轧制过程中就会被轧辊压入板坯，直接影响轧制产品的表面质量。

为了改善成品质量，满足用户要求，国内外生产厂已采用多种方法减少钢板氧化，如控制加热气氛，减少金属在高温下的停留时间，或采用机械的方法在轧制前去除氧化铁皮。但是由于这些方法操作困难，过程不易控制，生产效率低，效果也不理想，因而在应用中受到限制。

最原始的除鳞方法是将竹枝、杏条或食盐铺撒到高温板坯表面，通过爆破清除氧化铁皮；或者采用齿式夹送辊、钢丝刷等机械将氧化铁皮破碎，再用压缩空气或气将其吹除；或者采用二辊破机破氧化铁皮，再用高压水冲除。这些方法实施效果均不理想或成本过高。相比之下，高压水除技术具有适应钢种范围广、除净率高、综合成本低等优点，在热态甚至冷态除鳞中都得到了广泛应用，成为当今除鳞技术的主流。

山东钢铁集团日照有限公司第一届职工职业技能竞赛的技术状元——中厚板厂炉卷产线金属轧制工陈洪川，提出了"优化轧机除鳞打击力试验""IC 生产模式下钢板残留水清除""高表板优化排产"等多项质量管控建议，对除鳞压力、除鳞后的表面质量、温度、板坯形状、规格尺寸做好了把控，对不同钢种规格优化完善轧制规程，使产线实现了高产高质高效。

3.1.2　高压水除鳞的机理

高温板坯通过除鳞装置时，高压泵站产生的高压水经喷嘴形成高速射流，在水流的冲蚀和剥离及热爆效应作用下，钢坯表面的鳞皮迅速从其表面脱落下来。在高压水清除板坯表面氧化铁皮的过程中，主要经历了以下几个效应的联合作用。

（1）冷却效应：当高温板坯受到高压水喷射时，由于板坯母体材料和氧化铁皮的收缩程度不同而产生切向剪力，促使氧化铁皮从板坯母体上脱落。如果水量适当，氧化铁皮层收缩至刚好脱落，而又不致使板坯母体过于冷却。这是高压水除鳞系统流量的理想状态。

（2）破裂效应：在高压水的打击下氧化铁皮层破裂，进而使氧化铁皮从板坯母体脱落。其效果随喷嘴压力及喷嘴能力的增加而增大，随喷嘴距钢坯表面距离的增大而减弱。

（3）爆破效应：由于氧化铁皮层的厚度不均或有裂缝，带有压力的水流就可能"钻入"氧化铁皮和板坯母体之间，在几乎封闭的空间内，突然受热汽化而爆炸，使氧化铁皮脱落。

（4）冲刷效应：将破碎的氧化铁皮冲刷掉，不至于被轧辊压入板坯母体表面。

3.1.3　除鳞系统技术参数确定

为了去除轧制过程中生成的次生氧化铁皮，在轧机前后都需要安装高压水喷头。在粗轧、精轧过程中都要对轧件喷几次高压水。

高压水除鳞的使用效果，除了与氧化铁皮的状况有关外，还取决于除鳞水的压力、喷水量、集管的配置和喷嘴结构等。不同的轧制工艺和一些特殊钢种也会对除鳞效果产生影响。例如，控制轧制工艺要求的加热温度较低，形成的氧化铁皮较黏；一些特殊钢种（如 9%Ni 钢）加热过程产生的氧化铁皮既薄又较黏，不易去除。因此，除鳞水的压力是决定除鳞效果好坏最为关键的技术参数。

高压水除鳞箱结构如图 3-1 所示。

图 3-1　高压水除鳞箱结构示意图

1—下箱体；2—下集管；3—入口侧挡水幕；4—上集管；5—上箱体；6—出口侧挡水幕

3.1.3.1　高压水工作压力

中厚板轧机现在普遍采用高压水除鳞箱清除初生氧化铁皮，喷口压力一般在 15~20MPa 以上，对合金钢板因氧化铁皮与钢板间结合较牢，要求高压水压力取高值。喷水除鳞是在箱体内完成的，起到安全和防水溅的作用。除鳞装置的喷嘴可以根据板坯的厚度来调整喷水的距离，以获得更好的效果。上集管高度的调节方式基本上有两种，即液压调节和电动调节。

系统工作压力取决于钢种氧化铁皮的状况。根据实验结果和实践经验得出：清除普碳钢和低合金钢在加热过程中产生的氧化铁皮，所需的最小打击力为 196~245kPa；清除高合金钢的氧化铁皮，特别是含 V、Ti、Ni、Cu 等元素时，所需的最小打击力约为 40kPa；清除普碳钢和低合金钢的再生氧化铁皮所需的最小打击力为 49~78kPa。打击力和除鳞过程中的温降可按下式进行计算：

$$q = 5.64pV/H^2$$

$$\Delta T = 451.7pV/H^2 + 9.54$$

式中　p——水压，MPa；

　　　V——喷嘴流量，L/s；

　　　H——喷嘴距钢板表面的距离，cm。

3.1.3.2　高压水系统流量

高压水系统的流量主要应满足除鳞箱和轧机多点同时除鳞时，除鳞水的压力波动不会降低除鳞效果。如果系统流量随除鳞时间延长逐渐减小，将会导致系统压力逐渐降低，从而影响除鳞效果。因此，要根据工艺制度，首先确定喷嘴流量、集管流量、单道次的最长除鳞时间、除鳞道次间隔时间及各个除鳞点的同时使用率，从而确定高压水系统的最大流量。

在除鳞过程中，在保证除效果的前提下，为减少轧件温降，应尽量提高轧件的通过速度（减少除鳞时间）。

3.1.4　除鳞虚拟仿真实训操作

粗轧之前的除鳞有两种操作模式，一种是自动除鳞模式，另一种是手动除鳞模式，除鳞操作台如图 3-2 所示。

图 3-2　除鳞操作台

3.1.4.1　自动除鳞模式操作流程

（1）完成规程数据计算与下达，设置钢种数据，包括板坯号、钢种、来料宽度、来料厚度、成品厚度和成品宽度。

（2）点击 一键准备 ，除鳞准备条件就绪。

（3）将 除鳞控制模式 设置为自动，依次点击 要钢 ，"自动启动"后，自动完成对钢坯的粗除鳞操作。

3.1.4.2　手动除鳞模式操作流程

（1）完成规程数据计算与下达，设置钢种数据，包括板坯号、钢种、来料宽度、来料厚度、成品厚度和成品宽度。

（2）点击 调用工艺参数 ，设置上集管位置（上集管位置＝来料厚度−160mm）；参数设置完成后，点击 下达工艺参数 。

（3）设置 粗轧区高压水除鳞站 为就绪状态。

（4）将 除鳞前辊道 、 除鳞辊道 、 定宽机前辊道 设置为使能状态，点击 允许运行条件 可以查看未准备的设备。

（5）将 除鳞控制模式 设置为手动，点击 要钢 ， 辊道联动控制 向右，辊道带动钢坯移动。

（6）点击 低压预冲水阀 设置为打开。

（7）当热金属探测仪检测 HMD1 检测到带钢进入除鳞箱时， 高压除鳞水阀 设置为打开。

（8）当热金属探测仪检测 HMD2 检测到带钢离开除鳞箱时， 高压除鳞水阀 设置为关闭。

（9）当带钢离开除鳞辊道时， 低压预冲水阀 设置为关闭，除鳞操作完成。

3.2　轧　　制

3.2.1　粗轧

粗轧阶段的主要任务是将板坯或扁锭展宽到所需要的宽度并进行大压缩延伸。中厚板轧机的产品宽度范围和厚度范围很大，而对应坯料规格有限，根据原料条件和产品要求，可以有多种轧制方法或称为轧制策略供选择。一般来说，中厚板的轧制策略有五种，如图 3-3 所示。

图 3-3　中厚板的轧制策略

综合考虑中厚板坯料尺寸、成品尺寸及成材率要求，决定中厚板轧制策略，纵—横—纵的轧制策略是优先考虑的轧制策略。近年来，由于连铸坯已经普及，为了增加坯料的单重，增大产量，很多厂家尽量加大坯料的长度，所以只要条件允许，一般不进行成型轧制，直接进行横—纵轧制。

3.2.2　粗轧虚拟仿真操作

3.2.2.1　粗轧流体准备

粗轧流体准备操作台如图 3-4 所示。

图 3-4 粗轧流体准备操作台

粗轧流体准备主要的操作流程如下：

（1）分别将 RM 工作辊冷却 、 RM 支撑辊冷却 、 RM 喂料辊冷却 、 烟尘抑制水 、 高压水除鳞 打到"投入"状态。

（2）分别打开 RM 伺服液压站、RM 辅助液压站、RM 油气润滑站、RM 主传动润滑站、RM 油膜轴承润滑站的操控界面，将液位与油温调到满足要求，使各液压站达到就绪状态。

（3）检查设备监控面板各指示灯颜色，若全部为绿色则粗轧流体准备完成，若有指示灯为灰色，则进行相应的操作直到所有设备满足运行条件。

3.2.2.2 粗轧设备准备

设备主控台按钮如图 3-5 所示。

图 3-5 设备主控台按钮

粗轧设备准备操作步骤：

（1）依次将 RM 状态 打到"轧制"、将 RM 主传动 、 RM 主传动风机 、 RM 电动压下 打到"使能"，将 机前辊道 、 机后辊道 打到"使能""联动"，可看到设备监控面板上对应的指示灯变为绿色。

（2）检查设备监控面板的指示灯是否全是绿色，若有指示灯为灰色，需要进行对应的调整，直到所有指示灯变为绿色，即准备条件完全满足为止。

3.2.2.3　粗轧轧制

粗轧轧制操作台如图 3-6 所示。

图 3-6　粗轧操作台

粗轧轧制手动操作流程如下：

(1) 单击 调用工艺参数，应对规程参数进行修改，参数如下，入口/出口侧导板预开口偏差为 200mm，入口/出口侧导板入口开口偏差为 100mm，入口/出口侧导板出口开口偏差为 200mm，入口/出口侧导板对中力为 150kN。

(2) 单击 下达工艺参数 将规程中的工艺参数下达到控制模型。

(3) 将 AGC 控制 旋钮打到 投入。

(4) 将 控制模式 打到 手动。

(5) 单击 要钢，可看到坯料出现在机前辊道的左端。

(6) 单击 联动控制 中的 前进 按钮，可看到坯料在机前辊道上前进，当 HMD1 检测到坯料通过时，辊道自动停止前进。

(7) 单击 机前对中，机前对中侧导板完成对坯料的对中，当坯料离开侧导板后，将 机前对中 关闭。

(8) 单击 开始轧制，轧辊启动，同时联动控制自动前进完成对坯料的轧制。

(9) 当轧制结束，即 HMD2 由绿色变为蓝色时，辊道自动停止前进，单击 机后对中，机后对中侧导板完成对轧件的对中，对中结束后，将 机后对中 关闭，对中导板退回，完成第 1 道次的轧制，粗轧轧制是往复轧制，第 2~7 道次轧制相应的操作参考以上步骤。完成第 7 道次的轧制，单击 联动控制 中的 前进 将轧件运往精轧区，手动操作结束。

(10) 镰刀弯板形质量控制：镰刀弯是热连轧常见的板形缺陷，指沿带钢长度方向的水平面向一侧弯曲，镰刀弯产生的主要原因是轧机操作侧与传动侧的压下量不一致。单击 镰刀弯板形质量控制 按钮弹出镰刀弯仿真实训界面如图 3-8 所示。单击 开始实训，单击 轧制，可看到板形图像，轧件可能向操作侧弯曲，也可能向传动侧弯曲，如图 3-7 所示，轧件向操作侧弯曲。

由图 3-7 可知，造成轧件向操作侧弯曲的原因是传动侧压下量大于操作侧压下量，为减小甚至消除镰刀弯，需要增大操作侧压下量同时减小传动侧压下量，即点

图 3-7 镰刀弯仿真实训（一）

击 操压传抬 按钮调节辊缝倾斜调节值，将该值的绝对值大小调节至大于 1，如图 3-8 所示。

图 3-8 镰刀弯仿真实训（二）

单击 轧制 再次观察板形图像，如图 3-9 所示，镰刀弯缺陷基本被消除。

粗轧轧制自动操作流程如下：

（1）单击 一键准备。

（2）控制模式选择 自动。

（3）单击 要钢，可看到坯料出现在机前辊道的左端。

（4）单击 自动启动，由控制系统自动完成"粗轧轧制"的操作。

3.2.2.4 粗轧标定

粗轧标定操作台如图 3-10 所示。

图 3-9　镰刀弯仿真实训（三）

粗轧标定操作流程如下：

（1）单击菜单栏按钮 标定 调出标定界面，将 标定速度 打到 开始 ，可看到标定运行条件中的轧机速度正常指示灯变为绿色。

（2）检查标定运行条件中的所有条件是否满足标定要求，若不满足需进行相应设置，直到所有条件均满足标定要求为止。

（3）调参数设置，自零和压力 8000~15000kN，自零差压力 10~300kN，自零预压力 500~1000kN，在标定参数输入框中输入相应参数。

（4）单击 轧机标定参数下达 ，将参数下达到相应控制模型。

（5）单击 标定开始 。

（6）单击 轧制力标零 ，清除总轧制力与轧制力偏差。

图 3-10　粗轧标定操作台

（7）点击 电动压下 ，使总轧制力达到自零预压力，步骤指示中 电动压下至预压力 指示灯变绿。

（8）点击 液压压下 ，使总轧制力达到自零和压力，步骤指示中 液压压下至和压力 指示灯变绿。

（9）根据轧制力偏差数值大小，选择 操压穿抬 或 操抬穿压 ，使传动侧和操作侧的轧制力偏差数值绝对值小于自零差压力，和压力保持 指示灯亮。

（10）单击 辊缝标零 ，完成辊缝零调。

3.2.3 精轧

精轧阶段的主要任务是质量控制，包括厚度、板形、表面质量、性能控制。轧制的第二阶段粗轧与第三阶段精轧间并无明显的界限。通常把双机座布置的第一台轧机称为粗轧机，第二台轧机称为精轧机。对两架轧机压下量分配上的要求是希望在两架轧机上的轧制节奏尽量相等，这样才能提高轧机的生产能力。一般的经验是在粗轧机上的压下约占 80%，在精轧机上约占 20%。

3.2.4 精轧虚拟仿真操作

3.2.4.1 精轧流体准备

精轧流体准备主要的操作流程如下：

（1）分别打开 FM 伺服液压站 、 FM 辅助液压站 、 FM 油气润滑站 、 FM 主传动润滑站 、 FM 油膜轴承润滑站 的操控界面，将液位与油温调到满足要求，使各液压站达到就绪状态。

（2）将 FMR 工作辊冷却 、 FMR 支撑辊冷却 、 FMR 喂料辊冷却 、 FME 工作辊冷却 、 FME 喂料辊冷却 、 烟尘抑制水 、 高压水除鳞 分别打到 投入 。

（3）检查设备监控面板各指示灯颜色，若全部为绿色则精轧准备完成，若有指示灯为灰色，则进行相应的操作直到所有设备满足运行条件，如图 3-11 所示。

图 3-11 设备主控台

3.2.4.2 精轧操作

精轧轧制操作台如图 3-12 所示。

精轧手动操作流程如下：

（1）单击 调用工艺参数 ，应对规程参数进行修改，参数如下，机前/机后侧导板预开口偏差：200mm，机前/机后侧导板入口开口偏差为 100mm，机前/机后侧导板出口开口偏差为 200mm，机前/机后侧导板对中力为 150kN。

图 3-12　精轧操作台

（2）单击 下达工艺参数 将规程中的工艺参数下达到控制模型。

（3）将 AGC 控制 、 AWC 控制 、 SSC 控制 旋钮打到 投入 。

（4）将 控制模式 打到 手动 。

（5）单击 要钢 ，可看到坯料出现在机前辊道的左端。

（6）单击 联动控制 中的 前进 按钮，可看到坯料在机前辊道上前进，当 HMD1 检测到坯料通过时，辊道自动停止前进。

（7）单击 机前对中 ，机前对中侧导板完成对坯料的对中，当坯料离开侧导板后，将 机前对中 关闭。

（8）单击 开始轧制 ，轧辊启动，同时联动控制自动前进完成对坯料的轧制。

（9）当轧制结束，即 HMD2 由绿色变为蓝色时，辊道自动停止前进，单击 机后对中 ，机后对中侧导板完成对轧件的对中，对中结束后，将 机后对中 关闭，对中导板退回，完成第 1 道次的轧制，E2R2 是往复轧制，第 2~5 道次轧制相应的操作参考以上步骤。完成第 5 道次的轧制，单击 联动控制 中的 前进 将轧件运到下一设备，手动操作结束。

（10）镰刀弯板形质量控制：镰刀弯是热连轧常见的板形缺陷，指沿钢板长度方向的水平面向一侧弯曲，镰刀弯产生的主要原因是轧机操作侧与传动侧的压下量不一致。单击 镰刀弯板形质量控制 按钮吊出镰刀弯仿真实训界面如图 3-13 所示。

单击 开始实训 ，单击 轧制 ，可看到板形图像，轧件可能向操作侧弯曲，也可能向传动侧弯曲，轧件向操作侧弯曲，如图 3-13 所示。

由图 3-13 可知，造成轧件向操作侧弯曲的原因是传动侧压下量大于操作侧压下量，为减小甚至消除镰刀弯，需要增大操作侧压下量同时减小传动侧压下量即点击

图 3-13　镰刀弯仿真实训（一）

单击 操压传抬 按钮调节辊缝倾斜调节值，将该值的绝对值大小调节至大于 1，如图 3-14 所示。

图 3-14　镰刀弯仿真实训（二）

单击 轧制 再次观察板形图像，如图 3-15 所示，镰刀弯缺陷基本被消除。

精轧自动操作流程如下：

（1）单击 一键准备 。

（2）控制模式选择 自动 。

（3）单击 要钢 ，可看到坯料出现在机前辊道的左端。

（4）单击 自动启动 ，由控制系统自动完成精轧的操作。

精轧换辊操作台如图 3-16 所示。

图 3-15　镰刀弯仿真实训（三）

图 3-16　精轧换辊操作台

3.2.4.3　精轧标定操作台

精轧标定操作台如图 3-17 所示。

精轧标定操作流程如下：

（1）单击菜单栏按钮 设备准备 调出准备界面，将 FM 状态 旋钮打到 检修 。

（2）单击菜单栏按钮 精轧标定 调出标定界面，将 标定速度 打到 开始 ，可看到标定运行条件中的轧机速度正常指示灯变为绿色。

（3）检查标定运行条件中的所有条件是否满足标定要求，若不满足需进行相应设置，直到所有条件均满足标定要求为止。

（4）调参数设置，自零和压力 8000~15000kN，自零差压力 10~300kN，自零预压力 500~1000kN，在标定参数输入框中输入相应参数。

（5）单击 轧机标定参数下达 ，将参数下达到相应控制模型。

图 3-17　精轧标定操作台

（6）单击 标定开始 。

（7）单击 轧制力标零 ，清除总轧制力与轧制力偏差。

（8）点击 电动压下 ，使总轧制力达到自零预压力，步骤指示中 电动压下至预压力 指示灯变绿。

（9）点击 液压压下 ，使总轧制力达到自零和压力，步骤指示中 液压压下至和压力 指示灯变绿。

（10）根据轧制力偏差数值大小，选择 操压穿抬 或 操抬穿压 ，使传动侧和操作侧的轧制力偏差数值绝对值小于自零差压力， 和压力保持 指示灯亮。

（11）单击 辊缝标零 ，完成辊缝零调。

3.3 平面形状控制

3.3.1 中厚板轧制过程中的平面形状

3.3.1.1 平面控制理论

四辊轧机采用的轧制阶段一般包括成型轧制阶段、展宽轧制阶段、延伸轧制阶段，如图 3-18 所示。不同的产品需要的轧制阶段组合不一样，轧制策略的任务就是根据实际情况确定中厚板的轧制阶段组合。轧制策略的好坏直接影响最终产品的平面形状和成材率，同时还影响到轧制节奏。

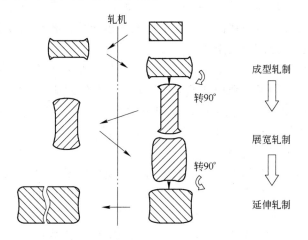

图 3-18 中厚板轧制过程

成型轧制的作用：一是消除板坯表面不平或由于剪断引起的端部压扁的影响；二是保证展宽轧制前获得适宜的坯料厚度，减少横轧时的桶形，为提高展宽轧制阶段的板厚精度和展宽精度打下良好的基础。成型阶段轧件最终长度受到辊身长度的影响，轧制道次不宜过多，一般为 1~4 个道次。成型阶段还有一个重要的作用，就是它可以改善最后产品的平面形状。实践证明，展宽比越大时，要想获得良好的板形和平面形状，必须增加展宽前轧件的长度，如图 3-19 所示。成型阶段轧件温度比较高，轧件比较厚，板形不是制约轧制规程的因素，所以在设备能力允许的范围内应尽量采用大压下量。

图 3-19　展宽前轧件长度与展宽后宽度波动值的关系
1—展宽比 = 1.45；2—展宽比 = 1.37

　　展宽阶段的作用很明显就是为了满足成品宽度的要求，将成型后的轧件在宽度或长度方向上得到展宽，直至获得成品钢板的毛边宽度为止。目前国内的中厚板生产过程主要采用横向展宽或纵向展宽法进行展宽轧制（对应轧制策略中的横—纵轧和纵—横轧）。展宽轧制使得轧件在纵、横两个方向上都得到变形，有助于改善钢板的各向异性。但是如果纵向变形和横向变形的分配比不合适，会造成轧件成材率降低。

　　展宽轧制后，板坯需要旋转 90° 进行延伸轧制，直至满足成品钢板的厚度、板形和性能要求。延伸轧制直接涉及产品最终的厚度精度、板形精度和综合性能，所以该阶段轧制规程的分配至关重要。

　　传统的平板轧制理论基本上是以平面应变条件为基础进行的，宽厚比较大时认为横向不发生变形。但是，在前述的成型轧制和展宽轧制那种轧件厚度较厚的阶段，不能认为是平面应变条件，轧制中在横向也发生变形。这在轧件头尾端更为显著，发生所谓不均匀塑性变形。结果，在成型和展宽阶段产生的不均匀变形合成起来，则轧后钢板的平面形状不再是矩形。

　　成型轧制和展宽轧制过程中发生的平面形状变化如图 3-20 所示。可以认为这些变化基本上是基于同一原理发生的。图 3-20 中 C_1 和 C_3 那样的凹形是由于头尾端局部展宽造成的；而 C_2 和 C_4 部分那样的凸形是因为宽度方向上两边部分比中间部分展宽大，因而在长度方向上发生延伸差，再加上 C_1 和 C_3 部分局部展宽的影响而产生的。作为前述平面形状变化的影响因素，除了横向轧制比（轧制宽/板坯宽，以后称展宽比）和长度方向轧制比（轧制长/板坯长）之外，还要依据以压下率、投影接触弧长等为参数的实验式定量地掌握平面形状，并与控制相结合。定性地说，在展宽比小和长度方向轧制比大的情况下，变形结果如图 3-21（a）所示；反之，在展宽比大和长度方向轧制比小时，如图 3-21（b）所示。

图 3-20 轧制过程中的平面形状改变

（a）成型轧制后；（b）展宽轧制后

图 3-21 轧制结束时的钢板平面形状

（a）展宽比小，长度方向轧制比大；

（b）展宽比大，长度方向轧制比小

展宽轧制时钢板展宽量的变化受板坯形状、展宽量、展宽比和成型轧制后板坯侧边折叠量的影响，宽展变化量（$A-B$）与展宽比之间的关系如图 3-22 所示。从图中可以看出，展宽比在 1.4 左右时展宽变化量最小，小于 1.4 时成品钢板呈凹形，大于 1.4 时呈桶形。因此，随着展宽比远离 1.4，钢板切边损失增大。此外，展宽轧制时板坯厚度越厚，道次压下量越小，展宽轧制后板坯的侧边折叠量越大，其关系如图 3-23 所示。试验表明，当展宽轧制开始坯厚小于 300mm、道次压下量为 20~30mm 时，板坯侧边折叠量较小。

图 3-22 展宽比与宽展变化量间的关系

图 3-23 展宽比、展宽轧制开始坯厚和侧边折叠量的关系

1—展宽轧制开始坯厚为 500mm；2—展宽轧制开始坯厚为 350mm

在中厚板生产中，影响成材率的因素有切头尾、切边、氧化铁皮、质量缺陷等，

其中平面形不良造成的切损占了很大的比例。中厚板轧制过程的特殊性造成其后的平面形状多不呈矩形，在交货前必须进行切头尾和切边处理。因此，研究轧制过程中的平面形状变形规律，使轧制钢板的平面形状矩形化，减少切头尾与切边损失，对提高钢板的成材率有重要作用。

微课：轧制后的平面形状控制

3.3.1.2　智能化平面形状控制技术

根据中厚板生产特点开发了可控点平面形状设定技术，该技术可实现平面形状控制过程楔形段的高灵活度调节，控制系统对边部金属流动的可控性增强，产品的矩形度大幅度提高。同时，利用数字图像技术获得轧后成品钢板的尺寸、形状信息，为轧机的过程控制系统提供必要的模型修正数据，优化轧制模型并可以实现对轧制规程的修正补偿，改善钢板轧后成品形状的矩形度。智能化平面形状控制技术已成功应用于国内多个中厚板生产线，控制效果明显优于常规平面形状控制方法，成材率提高稳定在1%以上，平面形状控制对比如图3-24所示。

课件：轧制后的平面形状控制

图3-24　平面形状控制对比

3.3.2　MAS 轧制法

早在1976年，日本就开始了钢板平面形状控制技术的研究，在平面形状控制的基本原理、工艺技术及平面形状检测等领域进行了许多工作。特别是随着液压控制技术和计算机控制技术在中厚板轧机上的功应用，钢板的成材率得到了显著的提高。据报道，日本多家中厚板生产厂的成材率在20世纪80年代期，就已经普遍达到90%以上，切头尾及切边损失均控制在4%以下，最著名的是川崎水岛厂开发的MAS轧制法。

MAS 轧 制 法（Miznshims Automotic Plan View Pattern Control System）即水岛平面形状控制法。调节轧件端面形状的原理如图3-25所示。为了控制轧件侧面形状，在最后一道延伸时用水平辊对宽展面施以可变压缩。如果侧面形状凸出则轧件中间部位的压缩大于两端；

图3-25　整形 MAS 轧制法

如果轧件侧面形状凹入，两端的压缩就应大于中间部分。将这种不等厚的轧件旋转90°后再轧制，就可以得到侧面平整的轧件，称为整形 MAS 法。同理，如果在横轧后一道次上对延伸面施以可变压缩，旋转 90°后再轧制就可以控制前端和后端切头，称展宽 MAS。说它是由平面形状预测模型求出侧边、端部切头形状变化量，并把这个变化量换算成成型轧制最后一道次或横轧最后一道次时的轧制方向上的厚度变化量，按设定的厚度变化量在轧制方向上相应位置进行轧制。

此法应用于有计算机控制的四辊厚板轧机上（有液压 AGC 装置），可使中厚板的收得率提高 4.4%。1978 年 1 月在川崎水岛厂 2 号厚板轧机上（5490mm 轧机）采用 MAS 轧制法创造了收得率 94.2%的高纪录。

3.3.3　狗骨轧制法

狗骨轧制法（DBR 法，Dog Bone Rolling）与 MAS 轧制法基本原理相同，即是在宽度方向变化伸长率改变断面形状，从而达到平面形状矩形化的目的，如图 3-26 所示。所不同的是在考虑 DB 量（即轧件前后端加厚部分的长度和少压下的量）时，考虑了 DB 部分在压下

图 3-26　狗骨轧制法过程及原理示意图

时的宽展。日本钢管福山厂已把在该厂 4725mm 厚板轧机上轧制各种规格成品时必要的 DB 量制成了表格。现场试验表明，采用 DBR 法可以使切头损失减少 65%，收得率提高 2%左右。

3.3.4　差厚展宽轧制法

其过程和原理如图 3-27 所示。如图 3-27 中 a 在展宽轧制中平面形状出现桶形端部宽度比中部要窄 ΔB，令窄端部的长度为 αL（α 为系数，取 0.1~0.12，L 为板坯长度），若把此部分展宽到与中部同宽，则可得到矩形，纵轧后边部将基本平直。为此进行如图 3-27 中 b 那样的轧制，即将轧辊倾斜一个角度（θ），在端部多压下 Δh 的量，让它多展宽一点，使成矩形。这个方法可使收得率提高 1%~1.5%。此法已用到日本千叶厂 3400mm 的厚板轧机上，在宽展的最后两道使上辊倾斜，倾斜度为 0.2°~2°，左侧与右侧压下螺丝分开控制。这些操作都是由电子计算机完成的。

3.3.5　立辊法

用立辊改善平面形状的模式图如图 3-28 所示，但出于宽厚比等方面的原因，立辊的使用范围也受到限制。

3.3.6　咬边返回轧制法

采用钢锭作为坯料时，在展宽轧制完成后，根据设定的咬边压下量确定辊缝值，将轧件一个侧边送入轧辊并咬入一定长度，停机轧辊反转退出轧件，然后轧件转过180°将另一侧边送入轧辊并咬入相同长度，再停机轧机反转退出轧件，最后轧件转

图 3-27 差厚展宽轧制法过程及原理示意图

图 3-28 用立辊法改善平面形状

过 90°纵轧两道消除轧件边部凹边，得到头尾两端都是平齐的端部。其原理如图 3-29所示。我国舞钢厚板厂采用此法使成品钢板的平面形状、矩形度及板厚精度都得到了明显的改善。

图 3-29 咬边返回轧制法示意图
（虚线为未实施咬边返回轧制法轧制的成品钢板平面形）

3.3.7 留尾轧制法

留尾轧制法是我国舞钢厚板厂采用的一种方法。由于坯料为钢锭，锭身有锥度，尾部有圆角，所以成品钢板尾部较窄，增大了切边量。留尾轧制法示意图如图 3-30

所示。钢锭纵轧到一定厚度以后，留一段尾巴不轧，停机轧辊反转退出轧件，轧件转过90°后进行展宽轧制，增大了尾部宽展量，使切边损失减小。舞钢厚板厂采用咬边返回轧制法和留尾轧制法使厚板成材率提高4%。

图 3-30　留尾轧制法示意图
（虚线为未实施留尾轧制法的成品钢板平面形）

3.4　异形钢板轧制

3.3 节是平面形状控制的基础技术，即矩形化技术。以这种技术为基础，以非矩形化为目的，考虑了各种异形形状控制，如图 3-31 所示，其中一部分业已成功地应用于实际生产中。

图 3-31　异形形状控制轧制
（a）不同宽度轧制法；（b）圆形轧制法；（c）锥形宽度轧制法

3.5　差厚（变截面）钢板的轧制

纵向变截面钢板也称为 LP 钢板（Longitudinally Profiled Plate），这种钢板在桥梁、造船、汽车弹簧板等领域中有很大需求，如图 3-32 所示。采用纵向变截面钢板

图 3-32　纵向变截面钢板
(a) 桥梁；(b) 造船；(c) 其他

后，明显地改进是：

(1) 合理的梁结构截面设计，大大减少焊接的数量；

(2) 合理的板厚选择，减轻结构质量；

(3) 省去螺栓连接接头中的垫板；

(4) 省去焊接连接接头处的机械加工等。

另外，中厚板 MAS 轧制等平面形状控制方法也采用变截面技术来改善钢板矩形度，提高轧件成材率。因此，纵向变截面钢板的使用符合节材、节能、省工序的要求，具有明显的经济效益。

国外钢铁企业（特别是日本）非常重视纵向变截面钢板的研制。最初的纵向变截面钢板轧制技术就是川崎制铁公司开发的 MAS 平面形状控制技术，采用这项技术使得该厂的成材率提高了约 4.4%。随着造船业和桥梁业的快速发展，日本开始进行纵向变截面钢板的研制和开发，从最初的单向变截面类型发展成双向多阶梯形等各种类型，如图 3-33 所示，同时变厚度范围也逐渐拓宽，最大可达 45mm，厚度变化率最大可达 8mm/m。截止到 2002 年，JFE 公司已向造船厂提供 58000t 纵向变断面钢板。20 世纪 90 年代后期，日本对采用纵向变截面钢板的构件的强度和设计方法进行了研究和评估。

在我国，20 世纪 90 年代初，新建和引进大量中板和中厚板轧机，并对 MAS 平

图 3-33 变截面钢板截面类型的发展

面形状技术进行了大量探讨。因为 MAS 轧制的作用是改善钢板矩形度，它只在成型阶段或展宽阶段最后一个道次控制钢板头尾部分的厚度变化，一般厚度变化范围在 5mm 以内，对应的变截面长度在 1000mm 以内，变截面区域对板形和厚度的精度要求不高，所以当时没有深入开展相关轧制机理模型的研究。同时由于当时设备能力、自动控制水平受限和追求产量的需求，MAS 轧制技术也没有得到应用。

近年来，国内中厚板轧机的装备水平和控制水平通过不断技术改造和引进，得到很大发展，轧机的宽度、最大轧制力、电机能力、自动化控制水平与以前相比已有很大提高。相当部分厂家的轧机具备二级控制功能，一些厂家如酒钢中板、济钢厚板、宝钢宽厚板等引进项目具备了 MAS 轧制或类似的平面形状控制技术，其中宝钢从国外引进了纵向变截面钢板的轧制技术。

差厚钢板的轧制采用液压板厚控制技术，以及诸如狗骨轧制法等技术，可生产出板厚差大且精度高的差厚钢板。日本 NKK 公司生产的差厚钢板参数如下：

板厚范围	10~75mm
厚度差	3.0~30mm
最大斜度	4.0mm/m
宽度	2000~4400mm（TMCP 板宽 4100mm）
长度	8000~20000mm

差厚钢板除用于建筑结构外，还用于桥梁等结构，使得结构重量分布、受力情况更加均匀和合理。

3.6 某中厚板厂工艺操作

微课：其他
轧制法

3.6.1 压下操作

压下操作的具体步骤如下：

（1）开轧前应详细了解生产作业计划并检查 PDI 数据的准确性，根据钢种、成品规格、辊型等情况调节辊身冷却水。

课件：其他
轧制法

（2）严格执行工艺要求，对普碳、低合金钢，开轧温度应不小于 1050℃，终轧温度应不小于 800℃；对于品种钢、特殊钢及专用板执行《品种板轧制技术操作规程》的规定。

（3）钢板开轧前几道以控制压下量为主，后几道以控制压下率和板形为主。

（4）在半自动或手动方式下，轧件未出轧辊时，轧辊严禁反转并严禁变更压下量。发生堵转时，应将轧件从工作辊中退出，调整压下量并且重新喂入，严禁出现含钢现象。

（5）在确认前后对中装置已打开到位，同时辊缝摆到位后，方可进行轧制。

（6）轧制时要遵循低速咬入、高速轧制、降速抛钢的原则。

（7）道次压下量应不大于 40mm，道次压下率应不大于 30%。

（8）根据板形调整轧辊冷却水分配量，或调整道次压下量，防止产生严重波浪、下扣、上翘等情况。当钢板上翘高度超过 150mm 的钢板，应适当进行平整，以保证轧后钢板顺利进入下道工序。

（9）冬季（11—2 月）换辊、投入新辊或停轧 8h 以上，再生产时应进行一小时的慢速轧制以便轧辊充分预热，此时应以平时正常压下量的 60%~70% 进行控制。

（10）压下操作人员应根据卡量结果并结合厚度和宽度公差情况、板形、热缩量（一般厚度方向热缩量按照 0.01mm/mm 进行估算）及时调整辊缝值和工作辊弯辊力，以避免大小头、厚度、宽度、同板差超限和板形不良情况。自动方式下在人机界面上相应的板形分类中予以确认。

（11）非手动方式下（跟踪正常），回炉、轧废、变规格应在人机界面上进行确认。

（12）如无特殊规定，应努力实行负偏差轧制，以提高成材率。

（13）钢坯横轧展宽时，横轧总压下量根据成品宽度决定。即

$$h = 0.98 \times \frac{B}{b} \times H$$

式中　h——展宽到需要宽度时轧件厚度；

　　　H——钢坯厚度；

　　　b——包括板边余量的成品宽度；

　　　B——钢坯宽度。

（14）板宽预留余量控制见表 3-1，当出现大小头现象时，宽度余量以大小头宽度之和的一半为参考控制。

表 3-1　板宽预留余量　　　　　　　　　　　　　（mm）

项　　目	钢板厚度	预留余量范围	余量控制目标值
切边板	6~14	90~110	100
	>14	100~130	115
毛边板 火切板		60~70	

（15）轧制过程中要根据板形、辊缝变化、轧制力、电流和尺寸变化情况，随时进行纠偏、倾斜微调。

（16）钢坯不应有明显水印和阴阳面，同板差超过 0.40mm 或在轧制过程中出现较为严重的上翘、下扣现象时，应通知调度室要求待温，并重新进行调零。

（17）轧件表面有杂物或氧化铁皮时严禁轧制。

3.6.2　辊道与对中操作

辊道与对中操作的具体步骤如下：

（1）轧件进入轧机前后工作辊道后，应首先对中夹正，待前后对中打开、压下调整到位、轧辊转动后方可送入轧辊。

（2）对中夹正后应尽快打开至安全开口度，避免轧件顶撞对中装置或出现刮框现象。

（3）接送轧件时严禁辊道逆转，以免轧件表面产生纵向划伤。

（4）控温轧制时，应使轧件在控温辊道上前后摆动，严禁长时间停放。

（5）生产中若发生对中偏移，造成钢板产生波浪、刮框、镰刀弯等情况时要停轧进行处理。

3.6.3 卡量操作

卡量操作的具体步骤如下：

（1）正确使用和维护卡量工具，每班校对卡量工具，确保工具的精度。

（2）厚度一般为单边卡量，板形不良时要双边卡量，温度不均时要卡量黑印与头尾处的尺寸。

（3）改变钢种、炉号、规格时应卡量钢板的厚度和宽度；正常轧制同一规格时，要定时卡量钢板的厚度和宽度（当温度波动较大时，应增加卡量频率）；轧辊使用后期应了解板凸度。

（4）卡量人员应及时将卡量信息（及时询问后部工序以掌握同一钢种、炉号、规格，开轧后前3~5张钢板冷态时的实际厚度及纵、横向同板差）通知压下操作人员。

3.6.4 高压水除鳞操作

高压水除鳞操作的具体步骤如下：

（1）操作人员必须注意工作水位信号的变化，按照规定使用高压水。高压水的可用水量在第二水位以上，每次除鳞之前水位应在第三水位以上。

（2）高压水应开闭及时，避免出现浇黑头、尾或漏冲的现象。

（3）除鳞箱进行一次除鳞不净，应手动返回再次除鳞。

（4）生产中若出现连续三块钢坯表面氧化铁皮除不净时，应通知调度室要求停机检查系统水压或喷嘴。

（5）当纵轧及控温后第一道次使用轧机高压水除鳞一次，展宽第二道次及终轧前一道次可视具体情况增加一道除鳞，中间待温时可适当使用高压水除鳞、降温。严禁连续多道次进行除鳞操作。

3.6.5 人机界面操作

人机界面操作的具体步骤如下：

（1）在送钢或控温过程中，必须保证两块钢板的头尾间距不小于3m。

（2）坯料运送到机前时，必须使机前测温仪检测到坯料再停止。

（3）钢板待温时，必须将轧件停留在待温区，严禁将轧件长时间停留在工作辊道和待温辊道之间。

（4）在一待一轧的情况下，机前待温轧件必须放在待温 1 区和 2 区之内，机后待温轧件必须放在待温 3 区和 4 区之内。在两待一轧的情况下，机前待温轧件必须分别放在待温 1 区和 2 区之内，机后待温轧件必须分别放在待温 3 区和 4 区之内，严禁超出相应待温辊道区域。

（5）当前一块轧制结束的钢板尾部通过待温 3 区前的热检后，下块轧件才能开轧。

（6）对于双坯轧制或三坯轧制，轧制过程中严禁在主轧机操作画面上连续设定多块钢的轧制规程。

（7）严禁在同一道次重复轧制两次。

（8）严格按照控温温度、控温厚度等工艺制度进行操作。严禁出现在同一钢种、规格的双坯轧制时，两块轧件的控温道次厚度不同的现象。

（9）在调用计算机规程进行轧钢时，各班应派专人进行如下操作：

1）卡量每炉钢的前 3 块厚度后，应输入卡量厚度与计算厚度的差值（差值=卡量厚度 - 计算厚度）；

2）成品厚度变更后，应输入厚度允许公差值，如不输入，系统默认为 0；

3）成品宽度变更后，应输入宽度修正量，如不输入，系统默认为 150mm。

（10）在通过画面输入辊缝规程时，同时输入道次状态的设定，方便轧机的控制：

1）某道次前转钢，该道次状态设为转钢状态；

2）某道次后待温，该道次状态设为待温状态；

3）某道次后轧制结束，该道次状态设为末道次状态；

4）如果某道次有几种状态，需同时设置。

（11）更换炉号后，轧机操作工必须核对人机界面中 PDI 数据是否与任务单或钢卡上相符。若人机界面上的 PDI 不对，应根据实际的 PDI 调用操作员规程进行操作。

（12）辅画面的跟踪修正操作。当轧线的界面跟踪显示跟轧线的实际情况不同时，操作人员必须通过辅画面进行修正。选择需要修正的轧件，通过 "→" 和 "←" 进行位置的前后移动修正；通过 轧废确认 和 回炉确认 按钮，将轧废或回炉的轧件从跟踪序列中删除。

（13）每次换完轧辊后，必须根据辊单在操作界面中输入轧辊的相关参数。

（14）PDI 录入操作方法。

1）PDI 保存。根据来料情况，将钢坯的有关数据输入到画面上相应的位置上，认真检查无误后，按 PDI 保存 按钮将数据保存到计算机。炉号，块数，坯料厚、宽、长，成品厚、宽，钢种，不可为零或为空。每输入一个数据后必须按 Enter 键，否则无效。

2）PDI 查找。按 PDI 查找 按钮，则从数据库中依次调出与炉号相对应的 PDI 数据。

3）PDI 修改。

① 按 PDI 查找 按钮，找到要修改的炉号及其 PDI 数据。

② 修改数据。

③ 按 PDI 修改 按钮，出现一个对话框"数据修改完毕"，按上面的 确认 按钮关闭对话框。

不同情况下，PDI 修改的方法不同，具体有以下情况：

① PDI 数据没有进行确认之前，按照步骤 3）中①~③，可以对所有数据进行修改，修改后再进行确认。

② 数据确认之后，入炉之前按照步骤 3）中①~③，可以对所有数据进行修改，修改后要重新进行确认。

③ 数据确认已完成，入炉之后，该炉号的坯料都没有出炉。

如果要求修改炉号和块数之外的数据，按以下步骤进行：第一步，在 PDI 录入画面，按 3）中的①~③步骤修改数据；第二步，在 PDI 确认画面，重新进行确认。

如果要求修改炉号，或修改块数，或二者都要求修改，按以下步骤进行：第一步，在入炉确认画面，从"炉"中删掉该炉号及其后面已入炉炉号的所有钢坯；第二步，在 PDI 录入画面，按 3）中的①~③步骤修改块数和炉号；第三步，在 PDI 确认画面，重新进行确认；第四步，在入炉确认画面，将该炉号及其后面炉号的钢坯入炉。

④ 某炉号的坯料至少有一块已出炉：炉号和块数不能修改，其他数据可以修改，修改方法按以下步骤进行：第一步，在 PDI 录入画面，按 3）中的①~③步骤修改数据；第二步，在 PDI 确认画面，重新进行确认。

4）PDI 插入。

① 输入要插入的新炉号及其 PDI 数据。

② 按 PDI 插入 按钮；出现对话框，输入要插入的位置序号，按 确认 按钮，出现一个对话框"数据插入完毕"，按上面的 确认 按钮关闭对话框。

③ 在入炉确认画面的入炉等待队列中，原位置序号上将是新炉号，原来的炉号在新炉号后面。

注意：如果原位置序号上的炉号已入炉，则按以下方法进行：

① 在入炉确认画面，从"炉"中删掉原位置序号上的炉号及其后面已入炉炉号的所有钢坯。

② 在 PDI 录入画面，按①~③步骤插入新的炉号及其 PDI 数据。

③ 在 PDI 确认画面，对新炉号进行确认。

④ 在入炉确认画面，将新炉号及其后面的炉号钢坯入炉。

5）PDI 删除。

① 按 PDI 查找 按钮，找到要删除的炉号及其 PDI 数据。

② 按 PDI 删除 按钮，出现对话框，如果确实要删除，按 确认 按钮，否则，按 取消 按钮。

注意：如果要删除已入炉的炉号，应先在入炉确认画面，从"炉"中删掉该炉号后的所有钢坯，然后按5）中的①~②步骤删除 PDI 数据。

3.7　某中厚板粗轧机仿真实训系统操作

3.7.1　选择批次

如图 3-34 所示为批次选择界面，选择批次号中的某批次，在钢块信息一栏显示该批次轧制块数、原料和成品的规格、上下表面温度、钢种等信息，点击 确定 ，选择该批次进行轧制。

图 3-34　批次选择界面

3.7.2　粗轧监控主界面

粗轧监控主界面，即为软件主界面，如图 3-35 所示。粗轧监控主要实现轧钢的实时数据显示和规程的微调。

3.7.2.1　选择批次

当所选择的批次没有轧制完成时，点击 选择批次 按钮，只可以进行批次浏览，当前批次没有轧制完成，不允许选择新的批次。当前的批次轧制完成后，点击

图 3-35 粗轧监控主界面

选择批次 按钮，可以重新进行批次选择。

3.7.2.2 辊缝的变化方式

可以通过点击 手动 、自动 按钮来切换摆辊缝的方式。进入程序后默认为手动调整辊缝， 手动 按钮呈绿色。

手动：使用压下手柄手动调节使实际辊缝值调整到设定辊缝值。

自动：根据当前设定辊缝值，计算机自动调整实际辊缝到设定辊缝值。

3.7.2.3 微调设定辊缝

可以对规程的各个道次的设定辊缝进行微调。

要修正的道次号在 道次修正 后面文本框中显示，默认为第一道次；如果要修正其他道次，点击 道次修正 后面的文本框，可弹出数据输入对话框，进行修正道次号输入。或者通过按钮 道次-1 、道次+1 、道次复位 来改变要修正的道次号。

要修正的值在 -0.1 和 -0.5 按钮之间文本框显示，默认为 0.0。可以通过点击按钮 +0.1 、 -0.1 、 -0.5 、 +0.5 来修改设定辊缝的改变量。

3.7.2.4　除鳞箱操作

除鳞箱操作包括选择除鳞箱的模式是手动还是自动，喷嘴组号选择，除鳞箱水压设定，除鳞箱打开关闭。默认除鳞方式为自动，两组喷嘴全选中，喷嘴水压均为 21MPa，除鳞箱处于关闭状态。如果除鳞模式、喷嘴组号、水压发生改变，需点击 参数确认 按钮，进行设定确认。

3.7.2.5　系统检查

点击 系统检查 按钮，会弹出系统检查对话框，如图 3-36 所示。

对需要进行检查的设备进行检查，打勾代表检查，不打勾代表不检查。

图 3-36　系统检查对话框

3.7.3　规程输入界面

在粗轧监控主界面或状态显示界面点击 规程输入 按钮，切换到规程输入界面，如图 3-37 所示。规程输入界面主要完成规程的选择，调整规程的道次数，调整规程的各个道次的数值，使得适合所要轧制的钢块的轧制要求。

3.7.4　状态显示界面

在粗轧监控主界面或规程输入界面点击 状态显示 按钮，切换到状态显示界面，如图 3-38 所示。状态显示界面主要显示辊缝信息、辊道转动信息、批次信息等。

3.7.4.1　辊翘控制

辊翘控制用来调整上下辊转速。中间数值为上辊和下辊转速差，差值单位为 r/min。当数值为 0.4，即 时，上辊比下辊每分钟多转 0.4r；当数值为 -0.4，即 时，上辊比下辊每分钟慢 0.4r。

3.7.4.2　钢坯角度

显示钢块的角度，钢块没有转动的时候显示 0°。角度显示范围在 -360° 至 360° 之间。转钢之后需要抱钢，抱钢后角度为 90° 或者 0°，这个角度是相对于钢块的起始的位置的角度。抱钢后角度为 90° 代表钢块相对于初始位置横纵发生了变化，抱钢后角度为 0° 代表钢块相对于初始位置横纵没有发生变化。

图 3-37 规程输入界面

图 3-38 状态显示界面

3.7.5　操作流程说明

软件开启顺序：打开服务器计算机，启动"中板加密狗"程序；先打开虚拟界面，再打开控制界面。

登录系统，需输入用户名、密码，身份验证通过后，进入批次选择对话框，选择轧钢的批次。在批次选择对话框中可以显示所要轧制钢的批次号、原料规格和成品规格，轧制块数。根据原料和成品规格，选择合适的规程，可以对规程进行微调，调整好后可以进行轧制。在轧制之前需要根据来料钢坯的情况进行处理，如果为异常钢坯，例如钢坯上下表温差超过一定温度，可以通过点击 跳过轧制 按钮，不进行本钢坯的轧制。轧制之前先进行系统检查，点击按钮 系统检查 ，在弹出的对话框中对需要进行检查的设备进行检查，打勾代表检查，不打勾代表不检查，然后点击确定。轧制每块钢坯之前，需要先点击 开始轧制 按钮，虚拟界面出现钢坯，钢坯先除鳞箱除鳞。除鳞之后，根据需要可以在机前转滚处进行转钢，将钢块横纵转过来，使用抱床抱正。然后摆好辊缝再转动轧辊，送钢进行轧制。摆辊缝可以点击界面的 手动 按钮，然后使用主轧辊压下手柄将实际辊缝摆到设定辊缝的位置，也可以通过点击界面的 自动 按钮，这样实际辊缝会自动摆到设定辊缝的位置。进行轧制之前需要确保钢坯温度在开轧温度范围之内，温度不在限制范围之内会有相应的提示。送钢时遵循低速咬入、高速轧制的原则，咬钢速度需要在 $20\sim40r/min$ 之间。轧制完一个道次后，如果处于手动轧钢模式，则需要手动控制摆辊缝（手柄模式下使用主轧辊压下手柄，键盘模式下使用相应的按键）将实际辊缝摆到设定辊缝位置；如果为 自动 按钮被选中，表明当前处于自动轧钢状态，轧制完一个道次实际辊缝会根据设定辊缝自动摆到设定辊缝位置，然后根据需要可以将钢坯使用抱床抱正，当实际辊缝和设定辊缝相差在很小的范围之内时，操作相应的辊道和主轧辊继续下一道次的轧制。轧完第二个道次，根据需要可以将钢块转过来，用抱床抱正，继续下一道次的轧制。一个道次一个道次地来回进行轧制，直到轧制完成。

3.8　某中厚板精轧机仿真实训系统操作

3.8.1　操作监控界面功能介绍

精轧操作系统主画面如图 3-39 所示，下面介绍操作监控界面各部分功能。

（1） 工作 按钮：用于在工作状态和停止状态之间切换。按钮为绿色表示工作状态，按钮为灰色表示停止状态。进入工作状态时液压开始给油，油柱增长至 10mm；进入停止状态时停止给油，油柱消失。

图 3-39 精轧操作系统主画面

（2）急停 按钮：用于出现故障时将系统紧急停止。按钮为绿色表示急停状态，为灰色表示退出急停状态，此时按 系统恢复 按钮可以将系统复位。

（3）压靠 按钮：在"电动辊缝"最小时，用液压将"轧制力"提升到1000t，和清零按钮配合完成系统辊缝调零。

（4）清零 按钮：将"电动辊缝"值和"实际辊缝"值都清为零。在压靠之后清零，以完成系统辊缝调零。

（5）APC 按钮：在 APC 状态和非 APC 状态之间切换。APC（自动位置控制）通过调整"电动辊缝"实现辊缝的自动调整。只有在自动状态下，才能选择 APC 或 AGC 进行自动轧钢。

（6）AGC 按钮：在 AGC 状态和非 AGC 状态之间切换。AGC（自动厚度控制）在"电动辊缝"不变的情况下，通过调整油柱的高度，完成辊缝的自动调整，以实现厚度控制。

（7）10mm油柱 按钮：在非 APC 状态下使用，可以将油柱高度复位成 10mm。辊缝值和液压站压力不变。

（8）记忆轧钢 按钮：在自动工作状态下（APC 或者 AGC），可以使用当前规程进行记忆轧钢，即以当前规程的"平均辊缝"值为"设定辊缝"值进行轧钢。按钮为绿色表示记忆轧钢状态，灰色表示非记忆轧钢状态。

（9）北点动按钮：用于板形调整。点击该按钮可以使北侧（传动侧）辊缝上升0.025mm，南侧（操作侧）辊缝下降0.025mm。

（10）南点动按钮：用于板形调整。点击该按钮可以使南侧（操作侧）辊缝上升0.025mm，北侧（传动侧）辊缝下降0.025mm。

（11）道次-1按钮：自动轧钢时，将辊缝值调整为上一个道次的设定辊缝值。

（12）道次+1按钮：自动轧钢时，将辊缝值调整为下一个道次的设定辊缝值。

（13）辊升按钮：对辊缝进行微调。轧钢过程中，在辊缝摆好之后，还能以使用该按钮增大辊缝值，每次0.1mm。

（14）辊降按钮：对辊缝进行微调。轧钢过程中，在辊缝摆好之后，还能以使用该按钮减小辊缝值，每次0.1mm。

（15）系统恢复按钮：用在退出"急停"状态之后，使系统重新初始化，进行系统复位。

（16）压下快抬按钮：在自动工作状态下使用，可以将辊缝快速调整到当前规程第一道次的设定辊缝值高度。

（17）整体道次修正：如图3-40所示，位于"道次修正"文本的上面。可以对当前规程所有道次的设定辊缝值进行以0.2mm为单位的调整。中间显示的是累计调整值。

图3-40　整体道次修正按钮

（18）单个道次修正："道次修正"文本右侧有两个文本框，点击靠左的文本框可以输入道次数，点击靠右的文本框输入辊缝调整值（正加负减），可以对指定道次的设定辊缝值微调。注意：要先输入道次数，再输入辊缝调整值。

（19）头部补偿：点击"头部补偿"右侧的文本框，在其中输入头部补偿值，该头部补偿设定值对以后轧制的所有钢块都有效，直到重新输入。

（20）厚度修正："厚度修正"右侧有两个文本框，点击靠左的文本框，在其中输入厚度补偿调整值（正加负减），可以修改当前"规程显示栏"中当前道次的"实际厚度"。靠右文本框显示最后一次的厚度调整值。

（21）记忆修正：只能在记忆轧钢状态下使用，可以对记忆轧钢时的设定辊缝值，进行以0.05mm为单位的调整，累计调整值显示在左边的文本框中。

（22）微调量：如图3-41所示，可以对当前规程所有道次的设定辊缝值进行以0.1mm为单位的调整，累计调整值显示在右上方的文本框中。

（23）"压力越限"报警：当有一侧压力值超过3300t时，该标签背景颜色变为红色，警告压力已经越限。

图3-41　微调量

（24）"压差越限"报警：当"压力差"超过 600t 时，该标签背景颜色变为红色，警告压力差已经越限。

（25）"南北侧油柱高度"显示：如图 3-42 所示，"南侧"标签和"北侧"标签下面的文本框显示的分别是南侧油柱高度和北侧油柱高度，单位为 mm，精度 0.01mm。

图 3-42 南北侧油柱高度显示

（26）"累计块数"显示及 块数清零 按钮： 块数清零 按钮左边的文本框显示的累计轧制的钢块数目，点击 块数清零 按钮可以将其清零。

3.8.2 规程输入界面功能介绍

精轧操作系统规程输入界面如图 3-43 所示，功能与粗轧类似。

图 3-43 精轧操作系统规程输入界面

3.8.3　状态显示界面功能介绍

精轧操作系统状态显示界面如图 3-44 所示，状态显示界面用来显示当前的系统状态，包括当前登录学号、控制模式、原料成品规格、钢坯当前规格、上下表面当前温度和初始温度、上下轧辊转速及转速比、前后工作辊转速、两侧辊缝值、两侧压力、当前规程和道次。该界面还可以通过辊翘控制调整上下轧辊的转速。

图 3-44　精轧操作系统状态显示界面

3.8.4　操作说明

3.8.4.1　启动程序

用学号登录系统，在 实训练习项目 → 轧钢项目 菜单中选择 精轧控制 选项。点击该选项启动程序，如果这时精轧虚拟界面已经启动，选择完批次之后可以进入系统进行轧钢。如果虚拟界面没有启动，点击批次选择框中 确定 按钮也能进入系统，但显示批次无效，不能轧钢。此时，再启动虚拟界面，点击 虚拟界面连接 按钮也能完成连接，选择批次后就可以轧钢。

3.8.4.2　系统初始化

进入系统之后需要进行一系列的准备工作才能进行轧钢。如果没有连接虚拟界面，点击 虚拟界面连接 按钮连接虚拟界面。如果没有选择批次，点击 批次选择 按钮选择批次。点击 手动 按钮，确保系统进入手动状态。用手柄将辊缝抬起到大于20mm，再点击 工作 按钮，此时系统开始给油，出现10mm油柱。如果开始轧制时辊缝大于20mm，无须抬起辊缝，直接点击 工作 按钮即可。如果有必要的话，可以进行压靠清零操作。此时就可以选择轧钢模式：手动 轧钢或者 自动 轧钢。

手动轧钢模式时，辊缝需要使用主轧辊压下手柄进行摆辊缝。手动按钮绿色显示，使用主轧辊压下手柄将实际辊缝摆到设定辊缝，然后可以点击 开始轧制 按钮，虚拟界面出现钢坯。

自动轧钢模式时，手动按钮呈绿色，实际辊缝会根据当前设定辊缝自动调整到位。

首先选择 自动 ，然后点击按钮 APC 进行摆辊缝，等辊缝接近设定值时可以点击按钮 AGC 控制辊缝，点击 AGC 之前，需要确保当前处于自动状态下，然后可以点击开始轧制按钮，虚拟界面出现钢坯。

3.8.4.3 压靠清零操作

当界面辊缝值和实际的辊缝值出现偏差时，可以利用压靠清零操作进行校准。具体步骤如下：

（1）确认进入"工作""手动"状态。

（2）用手柄将轧辊压下，直到辊缝为最小，压力为400t左右。

（3）点击 压靠 按钮，此时油柱上升，液压作用下压力达到1000t左右。

（4）点击 清零 按钮，将电动辊缝、实际辊缝都清为零。

3.8.4.4 操作流程说明

首先打开虚拟界面，然后登录控制界面系统。输入用户名和密码，身份验证通过后，进入控制界面。在选择批次对话框中可以弄清所要轧制钢的批次号、原料规格和成品规格、轧制块数。根据原料和成品规格，选择合适的规程，可以对规程进行微调，调整好后可以进行轧制。如果为异常钢坯，例如钢坯上下表温差超过一定温度，可以通过点击 跳过轧制 按钮，不进行本钢坯的轧制。轧制之前先进行系统检查，点击按钮 系统检查 ，在弹出的对话框中对需要进行检查的设备进行检查，打勾代表检查，不打勾代表不检查，然后点击 确定 。轧制每块钢坯之前，需要先点击 开始轧制 按钮，虚拟界面出现钢坯，手柄模式下使用手柄，键盘模式下使用键盘按键将钢坯从机前延伸辊道运到轧机前的辊道上，然后操作抱床将钢坯抱正。精轧根据需要可以通过轧机上的高压水对钢坯进行除鳞。然后摆好辊缝再转动轧辊，送钢进行轧制。摆辊缝可以点击界面的 手动 按钮，然后使用主轧辊压下手柄将实际辊缝摆到设定辊缝的位置（键盘模式下直接使用键盘按键完成），也可以通过点击界面的 自动 按钮，这样实际辊缝会自动摆到设定辊缝的位置。进行轧制之前需要确保钢坯温度在开轧温度范围之内，温度不在限制范围之内会有相应的提示。送钢时遵循低速咬入、高速轧制的原则，咬钢速度需要在 40~60r/min 之间。轧制完一个道次后，如果是当前 手动 按钮被选中，即处于手动轧钢模式，则需要手动控制摆辊缝，将实际辊缝摆到设定辊缝位置；如果为 自动 按钮被选中，并且当前选中了 APC 按钮或者 AGC 按钮，表明当前处于自动轧钢状态，轧制完一个道次，实际辊缝会根据设定辊缝自动摆到设定辊缝位置，然后根据需要可以将钢坯使用抱床抱正，当实际辊缝和设定辊缝相差在很小的范围之内时，操作相应的辊道和主轧辊继续下一道次的轧制。一个道次一个道次地来回进行轧制，直到轧制完成。

3.9　中板轧钢轧制工艺参数

中板轧钢轧制工艺参数见表 3-2~表 3-9。

表 3-2　6mm CCSB 轧制工艺参数表

钢种：CCSB；原料规格：160mm×1250mm×1600mm；轧制规格：6mm×2000mm×8000mm，共 24m

轧制道次	1	2	3	4	5	6	7	8	9
粗轧规程（辊缝）	136	114	95	72	54	40	32	26	23
轧制方式	横	横	横	纵	纵	纵	纵	纵	纵
精轧规程（辊缝）	20	15	12	10	8	7	6		
轧制方式	纵	纵	纵	纵	纵	纵	纵		

粗轧开轧温度（1150±30）℃，粗轧终轧（1020±30）℃。精轧开轧温度（990±20）℃，精轧终轧（830±20）℃

表 3-3　8mm GL-A36 轧制工艺参数表

钢种：GL-A36；原料规格：160mm×1250mm×2100mm；轧制规格：8mm×1800mm×8700mm，共 26.1m

轧制道次	1	2	3	4	5	6	7	8	9
粗轧规程（辊缝）	132	106	80	63	48	35	29		
轧制方式	横	横	纵	纵	纵	纵	纵		
精轧规程（辊缝）	26	20	15.5	12	10	9	8		
轧制方式	纵	纵	纵	纵	纵	纵	纵		

粗轧开轧温度（1130±30）℃，粗轧终轧（1040±30）℃。精轧开轧温度（980±20）℃，精轧终轧（840±20）℃

表 3-4 10mm Q345B 轧制工艺参数表

钢种：Q345B；原料规格：200mm×1400mm×1800mm；轧制规格：10mm×2100mm×5500mm，共22m

轧制道次	1	2	3	4	5	6	7	8	9
粗轧规程（辊缝）	174	152	128	100	78	58	44	36	31
轧制方式	横	横	横	纵	纵	纵	纵	纵	纵
精轧规程（辊缝）	28	23	19	16	13	11	10		
轧制方式	纵	纵	纵	纵	纵	纵	纵		

粗轧开轧温度（1140±30）℃，粗轧终轧（1040±30）℃。精轧开轧温度（990±20）℃，精轧终轧（840±20）℃

表 3-5 12mm BVB 轧制工艺参数表

钢种：BVB；原料规格：200mm×1400mm×2150mm；轧制规格：12mm×1500mm×10000mm，共30m

轧制道次	1	2	3	4	5	6	7	8	9
粗轧规程（辊缝）	175	148	118	90	68	50	38		
轧制方式	横	纵	纵	纵	纵	纵	纵		
精轧规程（辊缝）	33	27	22	18	15	13	12		
轧制方式	纵	纵	纵	纵	纵	纵	纵		

粗轧开轧温度（1100±30）℃，粗轧终轧（990±30）℃。精轧开轧温度（930±20）℃，精轧终轧（840±20）℃

表 3-6 12mm Q345C 轧制工艺参数表

钢种：Q345C；原料规格：200mm×1400mm×2270mm；轧制规格：12mm×1760mm×9200mm，共27.6m

轧制道次	1	2	3	4	5	6	7	8	9
粗轧规程（辊缝）	172	151	122	94	70	50	37		
轧制方式	横	横	纵	纵	纵	纵	纵		
精轧规程（辊缝）	32	26	22	18	15	13	12		
轧制方式	纵	纵	纵	纵	纵	纵	纵		

粗轧开轧温度（1120±30）℃，粗轧终轧（1000±30）℃。精轧开轧温度（940±20）℃，精轧终轧（850±20）℃

表 3-7 14mm BVB 轧制工艺参数表

钢种：BVB；原料规格：200mm×1400mm×2300mm；轧制规格：14mm×2000mm×8000mm，共20m

轧制道次	1	2	3	4	5	6	7	8	9
粗轧规程（辊缝）	176	155	134	105	82	63	45		
轧制方式	横	横	横	纵	纵	纵	纵		
精轧规程（辊缝）	37	30	25	21	18	16	14		
轧制方式	纵	纵	纵	纵	纵	纵	纵		

粗轧开轧温度（1100±30）℃，粗轧终轧（990±30）℃。精轧开轧温度（930±20）℃，精轧终轧（840±20）℃

表 3-8   16mm Q460C 轧制工艺参数表

钢种：Q460C；原料规格：200mm×1400mm×1620mm；轧制规格：16mm×2200mm×12000mm，共 12m

轧制道次	1	2	3	4	5	6	7	8	9
粗轧规程（辊缝）	172	144	122	90	75	56	40		
轧制方式	横	横	横	纵	纵	纵	纵		
精轧规程（辊缝）	37	32	28	25	20	17	16		
轧制方式	纵	纵	纵	纵	纵	纵	纵		

粗轧开轧温度（1130±30)℃，粗轧终轧（1010±30)℃。精轧开轧温度（950±20)℃，精轧终轧（860±20)℃

表 3-9   20mm Q235B 轧制工艺参数表

钢种：Q235B；原料规格：200mm×1400mm×2200mm；轧制规格：20mm×2200mm×6000mm，共 12m

轧制道次	1	2	3	4	5	6	7	8	9
粗轧规程（辊缝）	178	147	122	91	65	53	45		
轧制方式	横	横	横	纵	纵	纵	纵		
精轧规程（辊缝）	38	32	27	25	23	21	20		
轧制方式	纵	纵	纵	纵	纵	纵	纵		

粗轧开轧温度（1100±30)℃，粗轧终轧（1000±30)℃。精轧开轧温度（930±20)℃，精轧终轧（850±20)℃

需要注意以下几点：

（1）钢坯的降温和钢坯的表面积有关，轧制薄规格降温要比轧制厚规格的降温快，注意把握轧制节奏。

（2）粗轧转钢控制宽度的道次辊缝（也就是最后一道横轧道次辊缝）需要严格按照规程中规定辊缝值进行摆辊缝，否则会出现宽度超差，判为废品。

4 中厚板厚度控制

4.1 概　　述

厚度是中厚板的基本尺寸，厚度精度是中厚板极为重要的质量指标。随着轧制生产技术的提高，中厚板生产中定尺长度增加，纵向厚差减小，板厚尺寸进级范围缩小，异性板轧制及平面形状控制日益严格，因此为了获得高精度的同板差和异板差板材，提高钢板的厚度精度和成材率，必须不断地开发和应用各种先进的厚度自动控制系统。

随着中厚板轧机轧制速度的提高，轧制过程中坯料的厚度偏差、轧件头尾温差与黑印、原料的变形抗力不同、轧机刚度的变化、轧辊磨损、压扁、偏心、压下装置调整与检测的偏差等诸多因素的影响，钢板纵向板厚与偏差是不断变化的。在中厚板轧制生产过程中，一般采用的自动控制系统有压下位置自动控制系统、电动厚度自动控制系统（电动 AGC）、液压厚度自动控制系统（液压 AGC）、监控 AGC、前馈 AGC 和近置式测厚仪的厚度自动控制系统等。

4.2　中厚板厚度自动控制系统

从目前国内外生产情况来看，中厚板厂普遍采用四辊可逆式轧机，此外传统的热带轧机、CSP 板连铸连机组和炉卷轧机也部分生产中厚板。有的轧机采用多道次往复轧制，压下手段有的采用电动机驱动、液压驱动或者两种联合驱动控制。厚度控制方法是以轧制规程表为基础，采用电动 APC 和液压 APC 预摆辊缝，在轧制过程中采用液压 AGC 模型给出当前道次辊缝设定值的调整量，由液压 APC 进行辊缝的动态调整，最终保证钢板的同板差和异板差达标。

根据中厚板轧机液压 AC 自动控制系统的特点和控制要求，中厚板轧机厚度自动控制系统一般可以划分为两级系统，分别为基础自动化级计算机系统和过程控制级计算机系统。各级系统的功能关系如图 4-1 所示。通过整个计算机控制系统的协调控制，可以实现中厚板轧机的厚度自动控制。

4.2.1　基础自动化级计算机系统

基础自动化系统是轧机厚度控制的直接执行者，它直接控制设备和执行机构，主要功能包括生产过程的监控、液压 AGC 控制、电动 AC 控制和液压 APC 控制。另外基础自动化还必须完成现场实际数据的采集和处理、故障诊断、报警以及数据通信等辅助功能。

```
┌─────────────────────────────────────────┐
│              中厚板生产企业               │
│      主要功能:下达生产计划的编制与调整      │
└─────────────────────────────────────────┘

┌─────────────────────────────────────────┐
│            过程控制级计算机系统            │
│   主要功能:过程跟踪、规程计算、模型计算     │
└─────────────────────────────────────────┘

┌─────────────────────────────────────────┐
│          基础自动化级计算机系统            │
│  主要功能:生产过程的监控、液压AGC及APC控制  │
└─────────────────────────────────────────┘

┌─────────────────────────────────────────┐
│                设备控制                   │
│     主要功能:电气、仪表设备的控制与检测     │
└─────────────────────────────────────────┘
```

图 4-1　中厚板计算机厚度控制系统主要功能

　　基础自动化级计算机系统是中厚板厚度控制的基础,而辊缝控制是基础自动化控制的核心功能。为了获得良好的辊缝控制精度,APC 系统很早就应用于中厚板轧机上。20 世纪六七十年代开始采用电动 APC,但电动压下系统存在着难以克服的缺点。随着液压技术的进步,液压 APC 技术开始得到应用。与电动 APC 相比,液压 APC 系统具有更好的动态特性:0.1mm 的阶跃响应时间一般为 40ms 左右,响应频率在 10Hz 以上;而电动 APC 仅为 500ms 左右,响应频率为 1Hz 以下。与电动 APC 相比,液压 APC 系统不仅惯性小,对轧辊缝调节反应速度快,位置控制精度高,而且能实现带载情况下的快速调整。建立在液压 APC 基础上的液压 ACC 系统,厚控精度高,板带成品质量高,已成为中厚板基础自动化计算机的必备功能之一。

4.2.2　过程控制级计算机系统

　　过程控制级计算机系统的中心任务是为轧机的各项控制功能设定计算,其核心功能是轧机的负荷分配和轧机设定;另外,还必须通过模型自学习功能提高设定计算的精度。设定计算结果传递到基础自动化控制系统,由其具体控制执行。而为了实现其核心功能,过程控制级计算机系统必须设置数据通信、实测数据处理、原始数据输出(PDI)、数据管理、跟踪管理(如轧件位置跟踪、轧件数据跟踪)等为设定计算服务的辅助功能。另外过程控制级计算机系统还必须配备为生产过程服务的人机界面输出和工艺数据报表及记录等功能。

　　纵观中厚板过程控制的应用历程,可以分为两个阶段,分别为人工操作阶段和计算机控制阶段。20 世纪 60 年代以前基本上属于人工操作阶段。在这个阶段,中厚板轧机的自动化控制技术已经完全成熟,厚度自动控制(AGC)、板形自动控制(AFC)也开始进入应用阶段。但是在这个阶段,数字计算机尚处于初始发展阶段,因此,在这个阶段真正的过程控制还没有建立起来,轧机的工艺参数和基础自动化各子单元的工作参数完全由操作工或工艺人员凭经验设定。由于中厚板轧制过程是一个非常复杂的物理过程,轧制条件和状态不断发生变化,过程特性复杂且难以掌控,所以单纯靠人工操作很难达到上述要求,所生产的钢板质量也比较差。

　　20 世纪 60 年代后期,随着数字计算机控制技术的成熟,过程控制计算机被大量引入到轧钢生产的控制中，具有真正意义上的分级计算机控制系统逐步得到应用。所有的氧制工艺参数、基础自动化各子系统的工作参数的设定均由计算机完成。采用过程计算机进行设定，具有下列优点。

（1）能够迅速适应轧制规格的变换。如果采用手动控制，当轧件的规格品种发生变化时，需花费较长时间才能调整好精确的设定值。而通过过程控制计算机对轧制过程进行自动设定时，由预先编制的程序很快就可以计算出新的设定值。另外，过程设定不仅可以对表征轧制过程的物理量进行控制，使其保持不变或按一定规律变化，并且能够根据轧制工艺参数的波动情况进行自适应控制和自学习控制。

（2）能显著提高轧件的尺寸精度。在中厚板生产中，采用计算机进行过程设定可以提高一些独立控制系统如 AGC、APC 等的控制性能。对这些系统本身来说，它们尚不具备适应工艺条件、设备条件变换的性能，而采用过程机对这些系统的状态参数进行设定，就可以大幅度提高带钢的尺寸精度。

（3）可以显著提高钢板的力学性能。在中厚板生产中，最终产品的组织性能与轧制过程中的温度制度密切相关，所以温度控制的精度直接关系到最终产品的力学性能。在轧制过程中轧件的温度会由于本身的辐射、对流及热传导传热而降低；同时由于塑性功转化为热能，温度会上升。轧制和热传导引起的温度变化受轧件厚度、压下率与轧制速度的影响，而热射和对流则受材质、温度和轧件厚度的影响。这些影响因素错综复杂，手动控制不仅需要相当高的熟练程度，而且存在较大的偏差。采用计算机通过计算控制上述因素，便可以大幅提高精轧的温度控制精度，从而提高钢板的力学性能。

通过上面的介绍可以看出，过程控制系统和基础自动化系统是整个中厚板计算机控制系统最重要的组成部分，而过程控制系统又是控制系统的核心，各项先进的中厚板生产工艺必须由过程控制系统相应的设定计算来保证其最终的控制效果。

4.2.3 中厚板厚度自动化控制系统的结构

中厚板厚度自动化控制系统结构如图 4-2 所示。

图 4-2　中厚板厚度自动化控制系统结构

一级基础自动化系统主要包括：测厚仪系统计算机、人机界面计算机和高性能 PLC，测厚仪使用单独的计算机系统，用来和 PHC 进行数据交换；人机界面的主要功能是进行生产过程的监控；PC 主要用完成液压 AGC、液压 APC 和电动 APC 等功能。

二级过程自动化系统选用过程控制计算机，主要功能是进行轧制过程跟踪、轧制规程表计算以及数学模型计算。

过程控制系统一般选用两台服务器（一台服务器和一台冗余服务器），采用镜像磁盘及客户/服务器体系结构、关系数据库技术、高速网络技术；选用开放的、标准化的通信接口；配备开发用工作站。过程控制系统通过高速工业以太网与 PLC 系统及人机界面系统通信。主要对钢板进行区域跟踪，计算轧制规程表等工艺控制参数设定值，实现生产过程的优化控制，优化 AGC 厚度计模型等功能，以保证产品厚度控制精度。

人机界面系统采用服务器-客户端构架。可以选用两台服务器计算机（一台服务器和一台冗余服务器）作为服务器系统，选几台工业控制计算机作为主操作室和工程师站的客户端。

人机界面系统主要实现如下功能：

（1）显示轧制规程表以及生产过程中的各种工艺参数和信息；

（2）对生产过程中的故障提供报警信息；

（3）接收操作人员输入的生产数据；

（4）接收操作人员发出的干预生产的命令；

（5）轧件加工流程的准确跟踪和数据库管理。

4.2.4　中厚板轧机检测仪表

为实现高精度的中厚板轧机液压 AGC 控制，需要在轧机上及轧机两侧配置必要的检测仪表，如图 4-3 所示。

图 4-3 中采用了上置式液压 AGC，即液压压下缸置于上支撑辊轴承座之上。目前宽厚板多采用下置式液压推上缸，即液压推上缸置于下支撑辊轴承座之下。

从图 4-3 可知，中厚板厚度控制系统安装的检测仪表主要有以下几种。

（1）在轧机入口和出口侧各安装有红外测温仪（见图 4-3 中 2），它主要用于测量钢板的温度，用于轧制规程计算和液压 AGC 控制量的计算。

（2）在机口和出口侧各安装有金属检测器（见图 4-3 中 3），它主要用于轧制过程中钢板位置的跟踪检测。

（3）在轧机传动侧和操作侧压下螺丝的顶端各安装一台测量精度为 $1\mu m$ 的磁致伸缩数字式绝对位移传感器的压下辊缝仪（见图 4-3 中 10）。

电动压下辊缝仪的结构如图 4-4 所示，它与压下电动机端部安装旋转编码器间接测量辊缝的方法相比，可以直接测量压下螺丝的静态和动态位移，有很高的精度。测量值可参与辊缝计算，并可兼顾电动压下螺丝的限位保护。

（4）在传动侧和操作侧 AGC 液压管路上各安装一台油压传感器（见图 4-3 中 13），它用于测量液压缸无杆腔的压力，用于对液压 APC 闭环控制放大倍数的非线

图 4-3 中厚板轧机主要检测仪表布置

1—除鳞箱；2—红外测温仪；3—HMD；4—伺服油缸；5—除鳞辊道；6—机前输入(待温)辊道；7—转钢辊道；8—机前工作辊道；9—机前对中位移传感器；10—压下辊缝仪；11—压下电机；12—压下丝杠；13—油压传感器；14—电液伺服阀；15—伺服油缸磁尺；16—偏心测量仪；17—阶梯板；18—压头；19—机后对中位移传感器；20—机后工作辊道；21—X射线测厚仪；22—机后输入辊道；23—机后待温辊道

性补偿和轧制力的间接测量（将液压缸的背压平衡作用考虑在内，根据液压缸有杆腔和无杆腔的直径等数据，可以计算出轧制压力）。

（5）在传动侧和操作侧 AGC 液压缸中心各安装一台测量度为 $1\mu m$ 的磁致伸缩数字式绝对位移传感器。该液压缸位移传感器用于测量液压缸的静态、动态位移，参与辊缝计算并兼顾液压限位保护。

（6）X 射线测厚仪（见图 4-3 中 21）主要用于钢板厚度测量，用于液压 AGC 模型的自学习和厚度控制修正。

（7）下支撑辊轴承座与压头之间装有阶梯垫，用于调整轧线高度。

（8）在传动和操作下辊系下面，各安装

图 4-4 电动压下辊缝仪结构

1—顶罩；2—保护罩；3—磁尺；4—导线；5—磁环；6—压下丝杠

一个轧制力测量传感器，用于对制压力的测量。由于它是直接测量，精度高于使用油压传感器信号计算得出的制压力，从而提高了液压 AGC 模型精度。

（9）在上下支撑辊的操作侧各安装一台偏心测量仪（见图 4-3 中 16），用于上下支撑辊的偏心测量以供液压 AGC 进行偏心补偿。

微课：厚度控制系统概述

课件：厚度控制系统概述

微课：轧制过程中厚度变化规律

课件：轧制
过程中厚度
变化规律

4.3　中厚板轧制时厚度自动控制的基本形式及基本原理

厚度自动控制系统可分为反馈式、前馈式、监控式、张力式、金属秒流量式等。从执行机构来看，可以分为电动 ACC 和液压 AGC；按设定方式和轧机压下效率补偿环节不同，又可以分为轧制压力 AGC、厚度计式 AGC、相对值 AGC、绝对值 AGC、反馈 AGC、前馈 AGC、监控 AGC、金属秒流量 AGC、液压 AGC、近置式测厚仪的厚度自动控制系统等。根据轧制过程中钢板承受作用的不同，还有各种补偿的厚度控制系统，主要是速度补偿控制、宽度补偿控制、支撑辊偏心补偿控制、油膜厚度补偿控制、尾部补偿控制等系统。

4.3.1　反馈式厚度自动控制的基本原理

用压下位置闭环控制和轧制压力变化补偿的方法，是可以进行压下位置调节的，但是它不能消除轧辊磨损、轧辊热膨胀对空载辊缝的影响以及位移传感器与测压仪元件本身的误差对轧出厚度的影响。为了消除上述因素的影响，必须采用反馈式厚度自动控制才能实现。

图 4-5 是此种厚度控制系统的框图。钢板从轧机中轧出后，通过测厚仪测出实际轧出厚度 $h_{实}$ 并与给定厚度值 $h_{给}$ 相比较，得到厚度偏差 $\Delta h = h_{实} - h_{给}$，当二者数值相等时，厚度差运算器的输出为零，即 $\Delta h = 0$。若实测厚度值与给定厚度值相比较出现厚度偏差 Δh 时，便将它反馈给厚度自动控制装置，变换为辊缝调节量的控制信号，输出给压下电动机，带动压下螺丝（或液压系统）作相应的调节，以消除此厚度偏差。

图 4-5　反馈式厚度自动控制系统

$h_{实}$—实测厚度；$h_{给}$—给定厚度

已知厚度偏差 Δh，根据图 4-6 可知

$$\Delta h = \overline{fg} = \overline{fi}/M$$

$$\Delta S = \overline{eg} = \overline{ef} + \overline{fg} = \frac{\overline{fi}}{K_m} + \frac{\overline{fi}}{M} = \overline{fi} \cdot \frac{M + K_m}{K_m M}$$

故
$$\frac{\Delta h}{\Delta S} = \frac{\dfrac{\overline{fi}}{M}}{\overline{fi} \cdot \dfrac{M + K_m}{K_m M}} = \frac{K_m}{M + K_m}$$

即
$$\Delta h = \frac{K_m}{M + K_m}\Delta S \tag{4-1}$$

$$\Delta S = \frac{K_m + M}{K_m}\Delta h = \left(1 + \frac{M}{K_m}\right)\Delta h \tag{4-2}$$

式中　M——轧件塑性刚度系数；

　　　K_m——轧机刚度系数。

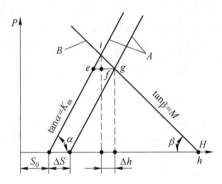

图 4-6　Δh 与 ΔS 关系曲线

A—轧件的弹性曲线；B—轧件的塑性曲线

从式（4-2）可知，为消除板带钢的厚度偏差 Δh，必须由压下螺丝使辊缝移动 $(1 + M/K_m)\Delta h$，也就是说，要移动比厚度差 Δh 还要大 $(\Delta M/K_m)\Delta h$ 的距离。因此，只有当 K_m 越大，而 M 越小时，才能使得 ΔS 与 Δh 之间的差别越小。当 K_m 和 M 为一定值时，即 $(K_m + M)/K_m$ 为常数，则 ΔS 与 Δh 便成正比关系。只要检测到厚度偏差 Δh，便可以计算出为消除此厚度偏差应做出的辊缝调节量 ΔS。

当轧机的空载辊缝 S_0 改变一个 ΔS_0 时，它所引起的带钢实际轧出厚度的变化量 Δh 要小于 ΔS_0，如图 4-7 所示。比值 $C = \Delta h/\Delta S_0$ 称为压下有效系数，C 值表示由压下螺丝位置变化所产生的轧件厚度变化。轧机刚度较小或轧件的塑性刚度较大时，$\Delta h/\Delta S_0$ 比值很小，压下效果甚微。换句话说，虽然压下螺丝往下移动了不少，但实际轧出厚度却往往未见减薄多少。因而增大 $\Delta h/\Delta S_0$ 的比值对于实现快速厚度自动控制具有极其重大的意义。所以在实际生产中增加轧机整体的刚度是增大 $\Delta h/\Delta S_0$ 的重要措施。如果能使轧机具有超硬性刚度，那么辊缝改变一个 ΔS_0，则实际轧出厚度也就能改变一

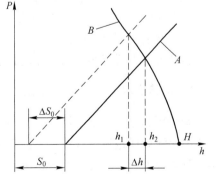

图 4-7　空载辊缝对轧后厚度的影响

A—轧件的弹性曲线；B—轧件的塑性曲线

个 ΔS_0。

由图 4-5 可知，厚度自动控制系统由以下几个部分组成。

（1）厚度的检测部分。厚度控制系统能否精确地进行控制，首先取决于一次信号的检测。对板带轧机来说，测厚仪可以是 X 射线或 γ 射线的非接触式测厚仪。

（2）厚度自动控制装置。它是整个厚度自动控制系统的核心部分，其作用是将测厚仪测出的厚度偏差信号，进行放大或经计算机的功能程序，然后输出控制压下位置的信号。

（3）执行机构。根据控制信号对带钢厚度直接进行控制。例如通过压下电动机或液压压下装置调整压下位置，或通过主电动机改变制速度，调节带钢的张力，以此来实现厚度的控制。

由于辊调节量 ΔS 与厚度差 Δh 之间呈一定的比例关系（压下有效系数 C），故在自动控制系统中采用比例调节器，如图 4-8 所示。当轧制不同尺寸和不同材质的轧件时，因 M 的改变会导致 M/K_m 的改变，故在此种控制系统中的比例系数应是可变的（通常在比例调节器中是用一个电位器进行调节，实质也就是调节它的比例度）。

图 4-8　比例控制方框图

h_0—厚度的给定值；h—实测厚度值；K_p—放大系数；τ—滞后时间；Δh_0—对厚度的干扰

由于测厚仪与轧制中心线有一定距离，因此测厚仪测出的厚度信号与实际辊缝存在时间差，该差值用 τ 表示：

$$\tau = \frac{L_{ap}}{v} \tag{4-3}$$

式中　τ——滞后时间；

　　　v——轧制速度；

　　　L_{ap}——轧制中心线到测厚仪的距离。

由于有时间滞后，所以这种按比值进行厚度控制的系统很难进行稳定的控制。为了防止厚度控制过程中的此种传递时间滞后，因而采用厚度计式、前馈式厚度自动控制系统、近置式测厚仪的厚度自动控制系统。

4.3.2　前馈式厚度自动控制的基本原理

无论用测厚仪还是用厚度计测厚的反馈式厚度自动控制系统，都避免不了控制上的传递滞后或过渡过程滞后，因而限制了控制精度的进一步提高。特别是当来料厚度波动较大时，更会影响板带钢实际轧出厚度的精度。为了克服此缺点，在现代化的轧机上都广泛采用前馈式厚度自动控制系统，简称前馈 AGC(FF-AGC)。

前馈式 AGC 不是根据本机架（即 Fi 机架）实际轧出厚度的偏差值来进行厚度

控制，而是在轧制过程尚未进行之前，预先测定出来料厚度偏差 ΔH，并往前馈送给轧机或机组的下一机架（即 Fi 机架），在预定时间内提前调整压下机构，以便保证获得所要求的轧出厚度，如图 4-9 所示。由于它是往前馈送信号，来实现厚度自动控制，所以称为前馈 AGC 或预控 AGC。

前馈式厚度自动控制系统的控制原理就是用测厚仪或前一机架作为"厚度计"，在带钢未进入本机架之前测量出其入口厚度，并与给定厚度值相比较，当有厚度偏差 ΔH 时，便预先估计出可能产生的轧出厚度偏差 Δh，从而确定为消除此 Δh 值所需的辊缝调节量 ΔS，然后根据该检测点进入本机架的时间和移动 ΔS 所需的时间，提前对本机架进行厚度控制，使得厚度的控制点正好就是 ΔH 的检测点。

ΔH、Δh 与 ΔS 之间的关系，可以根据图 4-10 所示的 P-h 图来确定。

图 4-9　前馈式厚度自动控制系统示意图

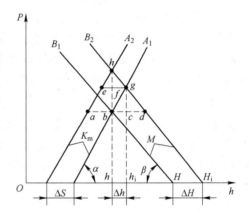

图 4-10　ΔH、Δh 与 ΔS 的关系曲线

由图可知 $\Delta H = \overline{bd}$，$\Delta h = \overline{bc} = \dfrac{\overline{gc}}{K_{\mathrm{m}}}$

又因

$$\overline{bd} = \overline{bc} + \overline{cd} = \frac{\overline{gc}}{K_{\mathrm{m}}} + \frac{\overline{gc}}{M} = \frac{M + K_{\mathrm{m}}}{K_{\mathrm{m}}M}gc = \frac{M + K_{\mathrm{m}}}{M}\overline{bc}$$

故

$$\Delta h = \frac{M}{K_{\mathrm{m}} + M}\Delta H$$

根据式（4-2）的关系，则得

$$\Delta S = \frac{M + K_{\mathrm{m}}}{K_{\mathrm{m}}}\Delta h = \frac{M + K_{\mathrm{m}}}{K_{\mathrm{m}}} \frac{M}{K_{\mathrm{m}} + M}\Delta H = \frac{M}{K_{\mathrm{m}}}\Delta H \tag{4-4}$$

式（4-4）表明，当 K_{m} 越大和 M 越小时，消除相同来料厚度差 ΔH，压下螺丝所需移动的 ΔS 也就越小，因此，刚度系数 K_{m} 用比较大的轧机，有利于消除来料厚度差。

用轧机入口测厚仪测出的来料厚度偏差 ΔH，或用上一机架（F(i-1) 机架）的轧出厚度偏差 Δh_{i-1} 作为前馈值，经带钢在机架质检的移送时间之后，馈送到下一机架（即 Fi 机架），作为 Fi 机架带钢轧出厚度的控制信号，这在原理上与图 4-9 中采用测厚仪进行前馈控制是相同的，其前馈控制过程如图 4-11 所示。

由于前馈式厚度控制是属于开环控制系统，因此，其控制效果不单独地进行评定，一般是将前馈式与反馈式厚度控制系统结合使用，所以它的控制效果也只能与反馈式厚度自动控制系统结合在一起进行评定。

4.3.3　监控式厚度自动控制的基本原理

图 4-11　前馈控制过程示意图

最早开发应用于实际生产的是以轧机弹跳方程为基础的、得到广泛应用的间接测厚方式的轧制力 AGC。由于这种轧制力 AGC，受到轧辊磨损、轧辊热膨胀、轴承间隙变化、轧辊不圆等因素的影响，测量精度会进一步下降。例如在空载辊缝为 S_0 和轧制力为 P 的情况下，轧制的钢板厚度为 $h=S_0+P/K_m$。当轧辊磨损以后，辊缝的实际值变大，轧制厚度变大，而此时如果测量的辊缝不变，即压下没变化，此时的轧制力实际值变小，由 $h=S_0+P/K_m$ 计算得到的轧制厚度变小，为了消除此误差，轧制力 AGC 要去抬辊，增加辊缝值，这样就是误操作了。本来板厚已经增加，可是轧制力 AGC 却误认为板厚变薄了，这种现象是轧制力 AGC 本身无法克服的缺点，于是就需要用直接测厚的方法来修正此误差。修正的办法就是用精度较高（1.0%）的射线测厚仪来进行监控，即以机架出口钢板厚差的平均值来修正机架的辊缝。一般有两种方式，一种是监控本块钢，即每隔 3~5m，取这段钢板厚差平均值去调整机架的辊缝，保证本块钢能精确地保持在给定厚度值上。另一种是监控下块钢，即将整块钢的厚差平均值用来调整下块钢的预设定辊缝，保证同规格品种的下块钢比上块钢的厚差更小。这个射线监控的 AGC 应在轧制线工艺状况比较稳定的情况下使用，否则会出现更大的误差。

轧制力厚度自动控制是采用压力传感器的轧制力信号作为厚度变化的指示，并用此信号来调整压下位置以修正厚度偏差。轧制力不能给出实际厚度的测量值，仅能反映出厚度相对于初始值的变化。所以为了保持对轧制力 AGC 系统的校准，通常都需要在轧机（或机组）之后，采用一台射线测厚仪，通过周期地核对和修正轧制力 AGC 系统的监控系统来完成。因此射线测厚仪的监视控制是任何成功的厚度自动控制的一个重要组成部分。

监控式厚度自动控制的基本原理就是反馈式厚度自动控制的基本原理。

4.3.4　厚度计式厚度自动控制系统

在轧制过程中，任何时刻的轧制压力 P 和空载辊缝 S_0 都可以检测到，因此，可用弹跳方程 $h=S_0+P/K_m$ 计算出任何时刻的实际轧出厚度 h。在此种情况下，就等于把整个机架作为测量厚度的"厚度计"，这种检测厚度的方法称为厚度计方法（简称 GM）以区别于前述用测厚仪检测厚度的方法。根据轧机弹跳方程测得的厚度和厚度偏差信号进行厚度自动控制的系统称为 GM-AGC 或称 P-AGC。按此种方法测得的厚差进行厚度自动控制可以克服前述的传递时间滞后，但是对于压下机构的电气和机械系统，以及计算机控制时程序运行等的时间滞后仍然不能消除，所以这种控制方式，从本质上讲仍然是反馈式的。因此，为了消除厚度偏差 Δh 所必需的辊缝移动量 ΔS 仍可按式（4-1）或式（4-2）来确定。

4.4 头部厚度补偿

在咬钢的瞬间，由于头部温度较低，再加上轧制力的冲击作用，辊缝有一个上升的尖峰。若不进行补偿，使得轧件的头部变厚。为了消除咬钢瞬间的冲击影响，使辊缝保持一条直线，可在咬钢前预先降低一定量的辊缝高度，随着咬钢过程的进行，按照冲击补偿的曲线使辊缝恢复到设定值。

头部厚度补偿做法主要有头部三角形补偿法和冲击补偿法。

4.4.1 头部三角形补偿法

中厚板头部三角形补偿法是根据规程设定的头尾补偿量与补偿长度按照三角形变化逐步叠加到辊缝设定值中去，如图 4-12 所示。

图 4-12 头部三角形补偿示意图

4.4.2 冲击补偿法

中厚板轧制过程是多道次往复轧制，频繁地咬钢和抛钢，考虑咬钢的瞬间，由于轧制力的冲击、液压缸内油柱的弹性回缩和压下螺丝齿隙变化，辊缝有一个上升的尖峰。若不进行补偿，会使得轧件头部变厚，冲击尖峰如图 4-13 所示。冲击补偿法是在咬钢前预先估计冲击尖峰的高度 S_{impact}，按照冲击高度和冲击时间 t_{impact} 对辊缝补偿值进行计算，将补偿值加到辊缝设定值中，保持轧制过程平稳，减小板厚偏差。

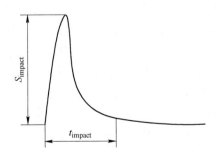

图 4-13 咬钢时辊缝的冲击尖峰

5　控制轧制和控制冷却

5.1　概　述

控制轧制和控制冷却就是在调整钢材化学成分的基础上，通过对轧制过程中的温度制度、变形制度和轧后冷却制度等进行有效控制，显著改善钢材微观组织并使其获得良好综合力学性能的轧制新技术，也称为 TMCP 工艺技术。该技术打破了常规热轧只求钢材成型的传统观念，把形变过程与热处理过程有机地结合起来，以获得通常需经离线热处理才能达到的合性能，它对深挖掘钢材潜能，实现合金元素、生产工序、产品全生命周期减量化，使钢产品向优质、低能耗和高性能化方向发展及实现减量化制造等都具有非常重要的意义。控制轧制和控制冷却技术可以说是 20 世纪冶金工业最伟大的科技进步成果之一，目前已成为国内外中厚钢板生产的主导工艺。

控制轧制和控制冷却工艺是一项节约合金、简化工序、节约能源消耗的先进轧钢技术。它能通过工艺手段充分挖掘钢材潜力，大幅度提高钢材综合性能，给冶金企业和社会带来巨大的经济效益。由于它具有形变强化和相变强化的综合作用，所以既能提高钢材强度又能改善钢材的韧性和塑性。

长期以来作为热轧钢材的强化手段，或是添加合金元素，或是热轧后再进行热处理。这些措施既增加了成本又延长了生产周期；在性能上，多数情况下是在提高了强度的同时降低了韧性及焊接性能。控制轧制与普通热轧不同，其主要区别在于它打破了普通热轧只求钢材成型的传统观念，不仅通过热加工使钢材达到所规定的形状和尺寸，而且要通过钢的高温变形充分细化钢材的晶粒和改善其组织，以便获得通常需要经常化处理后才能达到的综合性能。因此，从工艺效果上看，控制轧制既保留了普通热轧的功能，又发挥出常化处理的作用，使热轧与热处理有机结合，从而发展成为一项科学的形变热处理技术和节省能源的重要措施。

控制轧制（controlled rolling）是在热轧过程中通过对金属加热制度、变形制度和温度制度的合理控制，使热塑性变形与固态相变结合，以获得细小晶粒组织，使钢材具有优异综合力学性能的轧制新工艺。对低碳钢、低合金钢来说，采用控制轧制工艺主要是通过控制轧制工艺参数，细化变形奥氏体晶粒，经过奥氏体向铁素体和珠光体的相变，形成细化的铁素体晶粒和较为细小的珠光体球团，从而达到提高钢的强度、韧性和焊接性能的目的。

控制冷却（controlled cooling）是控制轧后钢材的冷却速度达到改善钢材组织和性能的新工艺。由于热轧变形的作用，促使变形奥氏体向铁素体转变温度（Ar_3）提高，相变后的铁素体晶粒容易长大，造成力学性能降低。为细化铁素体晶粒，减小珠光体片层间距，阻止碳化物在高温下析出，以提高析出强化效果而采用控制冷却工艺。控制轧制和控制冷却相结合能将热轧钢材的两种强化效果相加，进一步提高钢材的强韧性和获得合理的综合力学性能。

由于控轧可得到高强度、高韧性、良焊接性的钢材，因之控轧钢可代替低合金常化钢和热处理常化钢做造船、建桥的焊接构件、运输、机械制造、化工机械中的焊接构件。目前控轧钢广泛用于生产建筑构件和生产输送天然气和石油的大口径钢管。

Nb、V、Ti 元素的微合金钢采用控制轧制和控制冷却工艺将充分发挥这些元素的强韧化作用，获得高的屈服强度、抗拉强度、很好的韧性、低的脆性转变温度、优越的成型性能和较好的焊接性能。

但控轧也有一些缺点，对有些钢种，要求低温变形量较大。因之加大轧机负荷，对中厚板轧机单位辊身长度的压力由 1t/mm 现加大到 2t/mm。由于要严格控制变形温度、变形量等参数，因之要有齐全的测温、测压、测厚等仪表；为了有效地控制轧制温度，缩短冷却时间，必须有较强的冷却设施，加速冷却速度，控轧并不能满足所有钢种、规格对性能的要求。

5.2　控制轧制与控制冷却工艺的发展特点

控制轧制和控制冷却技术是适应高强度低合金钢（HSLA）的发展而产生和发展的。高强度低合金不仅要求高强度、高韧性，还要求具有良好的成型性和焊接性能。早期的高强度低合金钢多是依添加合金元素或提高碳当量来保证强度，因此很难对焊接性能、成型性能及抗脆性断裂性能等给予兼顾。自第二次世界大战中全焊接结构船经常发生脆断事故以后，对造船用钢及其他结构用钢，通常采取提高锰/碳、用铝脱氧及进行常化热处理等措施来获得较高的断口韧性。而当时比利时、瑞典等造船国的钢铁厂却缺少热处理设备，不得不采用降低轧制温度的所谓"低温大压下"工艺来代替常化处理，结果很好地解决了钢材的脆性断裂问题，以此奠定了控制轧制技术的雏形。

20 世纪 50 年代末，Nb、V、Ti 等微合金化元素在钢材生产中的应用，有力地推动了控制轧制和控制冷却技术的日趋成熟。进入 70 年代后，控轧控冷技术越来越受到重视，并在生产中得到了广泛的推广应用。近年来，国内外新建的中厚板轧机和热带轧机大都按控轧控冷的要求进行设计，除大幅度提高轧机的承载能力和刚性外，还配置有功能齐全的快速冷却装置和完善的测控系统，以适应过程工艺参数的精确控制，生产出性能优良的各种钢材。控轧控冷钢材与常规轧制钢和正火钢相比，它不单纯依赖合金元素，而是通过形变过程中对再结晶和相变行为的有效控制结合轧后快速冷却工艺，达到细化铁素体晶粒组织、使钢材强度和性能同时提高的目的，而且在降低碳当量的情况下能够生产出相同强度级别的钢材，从而使焊接性能也大大提高。目前，以控轧控冷方式取代传统正火工艺生产的大量综合性能优良的专用钢板，已被广泛应用于造船、锅炉、容器、桥梁、建筑钢结构、汽车和工程机械制造等众多领域。

5.3　控制轧制的基本类型

钢在控制轧制变形过程中或变形之后，钢组织的再结晶对钢的控制轧制起决定性作用，尤其是控轧时变形温度更为重要。因此，根据钢在控轧时所处的温度范围或塑性变形是处在再结晶过程、非再结晶过程或者 γ-α 相变的两相区过程中，从而将控轧分为三种类型，如图 5-1 所示。

图 5-1　控制轧制分类示意图
(a) 高温控制轧制；(b) 低温控制轧制；(c) γ+α 两相区控制轧制

5.3.1　奥氏体再结晶区控制轧制

奥氏体再结晶区控制轧制（再结晶型控制轧制，又称 I 型控制轧制）。奥氏体再结晶区控制轧制的主要目的是通过对加热时粗化的初始 γ 晶粒进行反复轧制、反复再结晶使之得到细化，并通过随后的 γ/α 相变得到细小的 α 晶粒。通常，相变前γ 的晶粒越细，相变后得到的 α 晶粒也越细。如把钢材相变前的 γ 晶粒直径和相变后的 α 晶粒直径之比称为 γ/α 变换比，则 γ 晶粒粗大时此比远大于 1，即由 1 个 γ 晶粒可以产生几个 α 晶粒。当相变前的 γ 晶粒细小时，该 γ/α 变换比接近于 1，所以，在仅仅由于再结晶 γ 晶粒细化而引起 α 的晶粒细化方面存在一个极限，即通过γ 再结晶方法细化 α 晶粒时，只能使奥氏体晶粒细化到 20~40μm，相转变后也只能得到 20μm 左右较细的均匀的铁素体，很难获得，ASTM10 级以上的细晶粒或超细晶粒组织。因此，从这种意义上说，γ 再结晶区只是通过再结晶使 γ 晶粒细化，它实际上是控制轧制的准备阶段。奥氏体再结晶轧制的温度范围通常在 950℃ 以上，在中厚板生产中与粗轧阶段的变形过程基本对应。

5.3.2　奥氏体未结晶区控制轧制

奥氏体未再结晶控制轧制（低温控制轧制，又称 II 型控制轧制）。在奥氏体未再结晶区进行控制轧制时，γ 晶粒沿轧制方向被压扁长，在晶粒内部产生形变带。此时不仅晶粒的平化效应使晶界有效面积增加，提高了的形核密度，而且在晶内的形变带上也会出现大量的 α 晶核（这是 II 型控制轧制最重要的特点），这样就显著增加了晶粒的形核频度。以伸长晶粒在板厚方向的短直径作为 γ 晶粒的直径，则通

过计算求 γ/α 变换比时，此值随未再结晶区总压下率的上升而变大，若取极限值，其极大值将接近于 2。可见，随着再结晶区总压下率的增加，伸长的 γ 晶粒在厚度方向的尺寸变小，相变后获得的 α 晶粒越细。如果钢材相变前的 γ 晶粒度和未再结晶 γ 晶粒的长度相同，则 γ/α 相变时的温度越低，相变后所能得到的 α 晶粒越细，因此使热轧钢板的综合机械性能，尤其是低温冲击韧性有明显的提高。

钢材 γ 晶粒未再结晶的温度范围通常在 $950\,\text{℃}\sim Ar_3$ 之间，在中厚板生产中，精轧阶段未再结晶区的总压下率越大，应变累积效果越好，奥氏体本身的晶内缺陷、形变硬化及余应变所诱发的奥氏体铁素体相变细晶机制越强，在精轧后的冷却过程中越容易形成细晶的铁素体+珠光体组织。

奥氏体未再结晶区的轧制可以通过低温大变形来获得，也可通过较高温度的小变形来获得。前者要求轧机有较大的承载负荷的能力，而后者虽对轧机的承载能力要求低些，但却使轧制道次增加，既限制了产量也限制了奥氏体未再结晶区可能获得的总变形量（因为温降的原因）。在对未再结晶区变形的研究中发现，多道次小变形与单道次大变形只要总变形量相同则可具有同样的细化铁素体晶粒的作用，即变形的细化效果在变形区间内有累积作用。所以在奥氏体未再结晶区内变形时只要保证必要的总变形量即可。比较理想的总变形量应在 30%～50%（从轧件厚度来说，轧件厚度等于成品厚度的 1.5～2 倍时开始进入奥氏体未再结晶区轧制）。

小的总变形量会造成未再结晶奥氏体中的变形带分布不均，导致转变后铁素体晶粒不均。在实际生产中使用 Ⅱ 型控制轧制时不可能只在奥氏体未再结晶区中进行轧制，它必然要先在高温奥氏体再结晶区进行变形，经过多次的形变、再结晶使奥氏体晶粒细化，这就为以后进入奥氏体未再结晶区的轧制准备好了组织条件。但是在奥氏体再结晶区与奥氏体未再结晶区间还有一个奥氏体部分再结晶区，这是一个不宜进行加工的区域。因为在这个区内加工会产生不均匀的奥氏体晶粒，为了不在奥氏体部分再结晶区内变形，生产中只能采用待温的办法（空冷或水冷），从而延长了轧制周期，使轧机产量下降。

对于普通钢种，奥氏体未再结晶区的温度范围窄小，例如 16Mn 钢当变形量小于 20% 时其再结晶温度在 850℃ 左右，而其相变温度在 750℃ 左右，奥氏体未再结晶区的加工温度范围仅有 100℃ 左右，因此难以在这样窄的温度范围进行足够的加工。只有那些添加铌、钒、钛等微量合金元素的钢，由于它们对奥氏体再结晶有抑制作用，就扩大了奥氏体未再结晶区的温度范围，如含铌钢可以认为在 950℃ 以下都属于奥氏体未再结晶区，因此才能充分发挥奥氏体未再结晶区变形的优点。

5.3.3　两相区控制轧制

两相区控制轧制（又称 Ⅲ 型控制轧制）。在 Ar_3 温度以下的 $(\gamma+\alpha)$ 两相区轧制时，未相变的晶粒更加伸长，在晶内形成更多的形变带。另外，已相变后的 α 晶粒在受到压下时，于晶粒内形成亚结构。在轧后的冷却过程中，前者发生相变形成微细的多边形铁素体晶粒，而后者则形成回复变成内部含有亚晶粒的 α 晶粒和经变形的硬的铁素体晶粒的混合组织，从而使材料的性能发生了强度和低温韧性提高、材料的各向异性加大、常温冲击韧性降低的变化。

采用这种轧制制度时，轧件同样会先在奥氏体再结晶区和奥氏体未再结晶区中变形，然后才进入到两相区变形。由于在两相区中变形时的变形温度低，变形抗力大，因此除对某些有特殊要求的轧材外很少使用。

在控制轧制实践中常常把这三种轧制方式联系在一起而进行连续轧制，并称为控制轧制的三阶段。图 5-2 所示为控制轧制三阶段中轧材的组织变化。

图 5-2　控制轧制三阶段示意图和各阶段的组织变化

微课：控制
轧制

课件：控制
轧制

在有的文献中把 α 区轧制也列入控制轧制的第三阶段内，即第三阶段为（γ+α）两相区和 α 区制。图 5-3 是终轧温度对屈服强度和脆性转变温度的影响规律。从图中可以看出，一般随着终轧道次温度的降低，屈服强度单调上升，而脆性转变温度在（γ+α）两相区轧制时为最低，在更低温度区域轧制时再次升高。这说明两相区轧制时亚晶的出现可使钢材的强度升高，脆性转变温度下降，而在终轧温度更低的 α 区轧制时，织构的出现对力学性能影响的倾向增大。因此，在分析屈服强度和脆性转变温度的变化时，除必须考虑铁素体晶粒的大小外，亚晶的大小及数量、位错和织构

图 5-3　终轧温度对屈服强度和脆性转变温度的影响
1—铁素体/珠光体钢；2—低碳贝氏体钢

的类型及其强弱程度的贡献是不可忽视的重要因素。

5.4　控制轧制和控制冷却工艺参数的控制原则

根据钢材化学成分和最终产品组织及力学性能的要求，确定各种钢材控制轧制和控制冷却工艺参数的关键是把握"奥氏体状态的控制"和"奥氏体相变条件的控制"。即通过铸坯加热制度、轧制温度制度和变形制度的正确制定，控制原奥氏体晶粒的均匀度和尺寸大小、形变奥氏体晶粒蓄积能量的高低和晶内缺陷的多少；通过冷却方式、冷却路径的合理选择及开始冷却温度、冷却速度和冷却终止温度等的正确制定，最终实现相变类型、相变产物形态的控制，使钢材力学性能达到预期的目标。

5.4.1　铸坯加热制度控制

铸坯加热制度的控制包括对坯料入炉温度、加热速度、在炉时间、坯料出炉温度等参数的正确制定，还应考虑到坯料温度差、表面氧化和脱碳程度等可能给钢材组织和力学性能带来的不良影响。

确定坯料加热温度时应充分考虑到原始奥氏体晶粒尺寸和碳化物的溶解程度以及开温度和终温度的要求等。图5-4是加热温度对几种钢材原奥氏体晶粒尺寸的影响规律。由图可以看出，当加热温度超过1100℃以后，随加热温度的升高奥氏体晶粒将显著长大。采用控轧控冷工艺的钢种普遍存在降低加热温度的趋势，控轧钢坯的加热温度通常比普通热轧时坯加热温度低50～100℃。这是因为降低加热温度后，可以使钢坯在具有较细化的奥氏体晶粒的温度下进行热变形，从而使原始奥氏体晶粒尺寸减小，并降低粗轧过程中的轧制温度。

图5-4　加热温度对几种钢材奥氏体晶粒尺寸的影响

这两种因素都会提高粗轧最后阶段的再结晶晶粒尺寸的细化程度和均匀性，因而可以显著提高中厚钢板的低温韧性和强度水平。同时，降低板加热温度，除可以降低燃料消耗、延长加热炉使用寿命外，还可以缩短轧制过程中的待温时间、有效提高轧机的生产能力。

因此，在轧机能力较大、轧制压力和电机能力许可的条件下，对普碳钢的加热温度可以控制在1050℃或更低些；而对于含铌微合金化钢，当加热温度达到1050℃时铌的化合物 Nb(C、N) 刚开始分解和固溶，至1150℃时奥氏体晶粒长大比较均匀，但达到1200℃以上时晶粒则显著粗化，为了使加工后的铌钢，为了使其具有高韧性和低的脆性转变温度，可以将加热温度控制在950℃左右，以免加工前原始奥氏体晶粒粗化和 Nb(C、N) 再次固溶而增加沉淀强化给冲击功带来不利影响。可见，在确定铸坯加热温度时，应根据不同钢种和不同强韧性要求采用不同的工艺参数。

5.4.2　轧制温度制度控制

在中厚板生产中应加以控制的轧制温度主要包括粗轧开轧温度、粗轧终轧温度、精轧开轧温度和精轧终轧温度等。粗轧阶段的高温再结晶区轧制，主要是通过对加热粗化的奥氏体晶粒进行反复轧制反复再结晶获得均匀细化的奥氏体晶粒，为精轧阶段的控轧过程提供理想的组织基础。也就是说粗轧结束后的再结晶奥氏体晶粒大小对钢材最终的铁素体珠光体组织细化并不起决定性作用，真正起作用的是精轧阶段未再结晶奥氏体晶粒内应变累积的程度以及其后的冷却过程，精轧过程中累积的应变越多，奥氏体本身的晶内缺陷、形变硬化及残余应变所诱发的 γ/α 相变驱动力越大，在精轧后的冷却过程中越容易形成细晶的铁素体+珠光体组织。

为了提高精轧阶段奥氏体部分再结晶区及未再结晶区内应变累积的百分数，严格控制精轧开轧温度比单纯的终轧温度控制更为重要。具体地说就是要选择好适当的精轧温度区间，最大限度地发挥精轧阶段的应变累积效果。所谓精轧温度区间常指精轧开始温度至精轧结束时的温度间隔，生产现场可通过准确确定精轧开轧温度（或称控轧温度）或通过精轧开轧温度和终轧温度两个参数来控制这一温度间隔。

图 5-5 是 Q345B 钢在精轧区变形量相同的条件下，精轧开轧温度与力学性能的关系。从图中可以看出，精轧开轧温度对试验钢屈服强度和抗拉强度的影响不显著，但对纵向和横向冲击功的影响却很明显。当精轧开轧低于 860℃时，纵向冲击功开始降低；当精轧开轧温度高于 920℃时，纵、横向冲击功显著降低。据此说明，Q345 钢较好的精轧开轧温度范围应在 860~920℃之间。

图 5-5　Q345B 钢精轧开轧温度与力学性能的关系
1—抗拉强度；2—屈服强度；3—纵向 A_{KV}；4—横向 A_{KV}

图 5-6 是 Q345B 钢在精轧区变形量相同的条件下，终轧温度与力学性能的关系。从图中可以看出，终轧温度在 860~920℃之间时，可以得到最佳的强韧性性能组合。

图 5-6　Q345B 钢终轧开轧温度与力学性能的关系

1—抗拉强度；2—屈服强度；3—纵向 A_{KV}；4—横向 A_{KV}

表 5-1 是 Q345B 钢在精轧区变形量相同的条件下，以不同的精轧开轧温度和不同的终轧温度组合成高（a）、中（b）、低（c）三种不同精轧温度区间轧制后空冷材的力学性能。由表中数值可以看出，精轧温度区间为 950～884℃ 的 c 组合提高了近 100%。由此可见，精轧温度区间的精细确定对提高钢材的韧性指标是至关重要的。

表 5-1　Q345B 钢不同精轧温度区间控轧时的力学性能

序号	控轧温度/℃	终轧温度/℃	屈服强度/MPa	抗拉强度/MPa	室温 A_{KV}/J	
					横	纵
a	800	756	371. 39	548. 12	106	193
b	880	822	396. 17	568. 92	117	229. 5
c	950	884	389. 74	544. 41	58	116. 5

"全国五一劳动奖章""全国技术能手""全国优秀创新工匠"获得者莱钢轧钢车间技能专家李子高，扎根一线二十多年，凭着对岗位的热爱，对工作的执着，练就了高超的轧钢技能，从加热炉到冷床，仔细观察板型变化，结合轧机数据优化轧制工艺。钢温在 1000℃ 左右时，目测温度与检测仪温度偏差能控制在 10℃ 以内，通过目测出钢板表面轻微缺陷，有效控制钢板轧制温度，减少轧废。Q460C、Q550D 等高强度钢板在夏季生产中容易出现强度不稳定问题，为此，李子高与技术人员通过全面排查开轧温度、水冷终冷温度、冷却水量等生产工艺参数，结合冬季生产数据，通过反复对比，进一步优化生产工艺，使 Q460C 及以上强度钢种强度变得更稳定。

5.4.3　变形制度控制

在中厚板生产中，变形制度控制的关键是根据铸坯尺寸和产品规格分配不同轧制阶段的总变形率、轧制道次和道次间隔时间，同时还要根据轧机能力和不同钢种的再结晶规律合理设定各道次的变形量，而道次变形量设定的正确与否往往通过再结晶过程的完成程度及再结晶后奥氏体晶粒的尺寸、形状等，对奥氏体/铁素体相变行为和相变产物的组织及钢材最终力学性能带来直接影响。

图 5-7 和图 5-8 是不同温度条件下，不同道次变形量对 Q345B 钢轧后空冷材屈服强度和横向冲击功的影响。从图中数据可以看出：在高温再结晶区轧制时 Q345B 钢的屈服强度和冲击功普遍比低温区轧制时低；随着轧制温度的降低道次变形量对屈服强度和冲击功的影响逐渐增强，总体趋势是道次变形量增加，屈服强度和冲击功增大。

图 5-7 道次变形量对 Q345B 钢屈服强度的影响
1—1050℃；2—950℃；3—900℃；4—850℃

图 5-8 道次变形量对 Q345B 钢室温冲击功的影响
1—1050℃；2—1000℃；3—950℃；4—900℃；5—850℃

高温再结晶区轧制时，以轧制温度为 1050℃时的试样为例，当变形量由 10% 增加到 40% 时，屈服强度并没有上升，反而有少许的下降；横向 A_{KV} 值随变形量的增加几乎没有变化。图 5-9 是 1050℃时不同变形量轧制试样的室温组织，由图可见，变形量为 12.9% 时的室温组织由等轴状的铁素体和珠光体组成，随着变形量的增大铁素体晶粒尺寸增大，魏氏组织所占的比例也增大。这是因为高温区轧制时变形量越大，形变奥氏体的再结晶速率越大，再结晶结束后晶粒长大的速度也越快，再加上终轧温度高、导致奥氏体相变前空冷延滞的时间较长，这些因素都可能使再结晶后的奥氏体晶粒长大成粗大的奥氏体晶粒。另外，当变形量达到一定的数值后 Q345B 钢在高温变形过程中还会发生动态再结晶，动态再结晶晶粒在高温下可以不需要孕育期而以亚动态再结晶的方式迅速长大成粗大的奥氏体晶粒。这些粗大的奥氏体晶粒在冷却过程中将遵循ⅠA型相变规律转变为魏氏组织。魏氏组织的生成是导致试样随道次变形量增加屈服强度降低、冲击功几乎没有变化的主要原因。由此可见，Q345B 钢在高温再结晶区轧制阶段，变形量并不是越大越好，适宜的道次变形量在 15%~25% 之间，最大道次压下率不宜超过 30%。

图 5-9 1050℃时不同变形量轧制试样的显微组织
(a) $\varepsilon = 12.9\%$；(b) $\varepsilon = 28.2\%$；(c) $\varepsilon = 39.6\%$

低温区轧制时，以轧制温度为 900℃时的试样为例，从图 5-7 和图 5-8 可以看出，当变形量由 10% 增加到 40% 时，钢板的屈服强度和冲击功均随变形量的增加呈明显的线性关系递增。图 5-10 是 900℃时不同变形量轧制试样的室温组织，由图中可以看出，低温轧制时的室温组织与图 5-9 恰好相反，变形量小的情况下，铁素体晶粒粗大，魏氏组织严重；随着变形量的增加铁素体晶粒变细，魏氏组织完全消失。这是因为低温轧制且变形量较小的情况下，未再结晶奥氏体形变后晶粒内所蓄积的应变能比较小，再结晶的形核率低，有限的再结晶核心只在原奥氏体的部分晶界上形成，再加上轧件温度低所具有的热能又比较小，形变奥氏体虽然也产生再结晶，但驱动再结晶或晶粒成长的能量却严重不足，再结晶过程被延缓，处于这种状态下的不完全再结晶组织进入奥氏体/铁素体相变时，铁素体和珠光体只能沿着晶内位错密度高的区域有取向地成长，并以魏氏组织的形态析出。而在变形量比较大的情况下，奥氏体晶粒被压成扁平状，奥氏体晶界面积增加，再结晶的形核点增多，并且在形变奥氏体晶内也出现了大量的再结晶核心。这种情况下由于变形量大，晶内所蓄积的应变能将足于驱动再结晶完成并生成大量细小、均匀的奥氏体再结晶晶粒，再加上终轧温度比较低，导致奥氏体相变前的延滞时间短，再结晶后的奥氏体晶粒没来得及充分长大就可以进入相变过程而生成均匀、细小的铁素体+珠光体组织。这种过程实际隐含了"形变诱导相变"的微观机制，如果钢材轧后立即进行快速冷却，则可能获得更加细小甚至是超细晶的铁素体+珠光体组织。

图 5-10　900℃时不同变形量轧制试样的显微组织
(a) $\varepsilon = 10.8\%$；(b) $\varepsilon = 18.9\%$；(c) $\varepsilon = 41\%$

　　在高温奥氏体再结晶区轧制阶段，道次变形量的设定原则必须是大于静态再结晶的临界变形量，并适当控制道次间隔时间以确保道次间静态再结晶过程能够完全进行，防止异常粗大奥氏体晶粒的形成。

　　中厚板生产的粗轧阶段，钢坯出炉经高压水除鳞、转钢后进入展宽轧制时，应保证道次压下率不低于10%，再转钢进入延伸轧制时，为使变形能够尽快深入到板坯心部，应将道次压下率控制在15%～25%之间，或采用等压下量原则使道次压下率随轧制温度的降低逐渐有所递增，这样将有利于减少混晶组织和"分层"等板坯内部缺陷的出现并达到细化奥氏体晶粒的目的。

　　在中厚板生产的精轧阶段，道次变形量的设定应以能够最大限度地增加应变累积为原则。对普碳钢来说，由于未再结晶区的温度范围很窄，通常要求在低温区必须保证有足够的变形量，而末道次从板形的角度考虑变形量又不宜过大，因此，在制薄规格钢板时，经常通过增加末前几道次的变形量来增加应变累积效果。而对于含铌钢来说，轧制过程中 Nb(C，N) 的不断析出，对奥氏体再结晶过程具有显著的延缓和抑制作用，可以认为在现有轧机所能承受的道次变形量下，在 950℃ 至 750℃ 的温度范围内，奥氏体晶粒变形后基本上都不会发生再结晶，因此，各道次的变形量对晶粒细化都能起到叠加效应，也就是说，只要保证有足够的总变形量就不必过分强调道次变形量的设定了。根据国内中厚板企业的经验，只要所设定的精轧温度制度合理，则无论是普碳钢还是含铌钢，将精轧阶段总变形量定在50%以上，即控制中间坯待温厚度为成品厚度的 2.0 倍以上，通常都能获得良好的应变累积效果。

5.4.4 冷却制度控制

控制冷却是一种利用轧材余热进行热处理的新技术。它也是提高中厚钢板综合性能既有效又非常经济的生产方法，目前已成为中厚钢板生产技术进步的主要发展模式。冷却制度控制的主要内容是：在保证钢板各部位冷却均匀、板形无损的前提下，对奥氏体相变条件进行有效控制，其中包括合理确定冷却开始温度、冷却速度、冷却终止温度和冷却路径等工艺参数，即轧后冷却是通过增加过冷度来达到增大铁素体形核驱动力、提高铁素体形核速度并降低相变温度、抑制铁素体晶粒长大的效果，获得所需要的最终组织和力学性能。

钢材控轧后的加速冷却过程中，在使铁素体细化的同时珠光体也会得到有效细化，珠光体片层间距减小，带状组织减轻或基本消失；如果钢材的化学成分合适，通过加速冷却过程还可以促使强韧的低碳贝氏体形成并呈小岛状弥散分布，使钢材在不降低韧性条件下提高强度，在不降低强度条件下减少碳当量，从而达到提高强韧性、改善焊接性和成型性的目的。

图 5-11 是 Si-Mn 钢和 0.02Nb-0.03V 钢 130mm 板坯在加热温度为 1100℃、900℃以下累积压下量为 70%、终轧温度为 800℃的变形条件下，轧制成 20mm 钢板后采用喷雾冷却方式由 780℃快速冷却至 600℃后空冷钢材室温力学性能与冷却制度的关系。由图 5-11 可以看出，随冷却速度的增大两种钢材的屈服强度、抗拉强度显著增大，冲击功基本不变，而脆性转变温度却明显下降，可见快速冷却过程使钢材的强韧性能得到了有效提高。

通常钢材终轧后都要立即进入冷却区进行加速冷却，这种情况下终轧温度就可以近似地等同于冷却开始温度。如果遇到精轧机组离冷却区的距离较远或轧后有非正常的停隔时，则必须充分考虑到形变奥氏体在停隔期间内因回复而产生的应变松弛或晶粒长大程度，对包括冷却速度在内的所有冷却工艺参数进行必要的调整。

在普碳钢的生产中，精确控制终冷温度有益于稳定产品的力学性能，缩小产品的力学性能波动范围。同时，终冷温度又常被用于强度指标波动范围的调整，例如，在夏季的高温季节生产时，常因环境温度的升高，使钢材在冷床上的降温过程减缓，导致屈服强度不合或强度储备不足，这时就可以在其他工艺参数基本不变的条件下，通过适当降低终冷温度来保证钢材的力学性能满足要求。

在微合金化高强度钢板的生产中，终冷

图 5-11 冷却速度对 Si-Mn 钢和 0.02Nb-0.03V 钢力学性能的影响

温度是决定第二相数量、形状、大小和分布状态的关键参数，务必根据具体钢种的力学性能和微观组织要求对终冷温度进行合理设定和控制。

5.4.4.1 控制冷却的种类

控制冷却作为钢的强化方法已为人们所重视。利用相变强化可以提高钢板的强度。通过轧后控制冷却能够在不降低韧性的前提下进一步提高钢的强度。控制冷却钢的强韧性取决于轧制条件和控制冷却条件。控制冷却实施之前钢的组织状态又取决于控制轧制工艺参数、奥氏体状态、晶粒大小、碳化物析出状态，这些都将直接影响相变后的组织结构和形态。而控制冷却条件（开始控冷温度、冷却速度、控冷停止温度）对变形后、相变前的组织也有影响，对相变机制、析出行为、相变产物更有直接影响。因此，控制冷却工艺参数对获得理想的钢板组织和性能是极其重要的。同时，也必须将控制轧制和控制冷却工艺有机地结合起来，才能取得控制冷却的最佳效果。

控制冷却是通过控制热轧钢材轧后冷却条件来控制奥氏体组织状态、控制相变条件、控制碳化物析出行为、控制相变后钢的组织和性能，从这些内容来看，控制冷却就是控制热轧后3个不同冷却阶段的工艺条件或工艺参数。这3个冷却阶段一般称作一次冷却、二次冷却及三次冷却（空冷）。3个冷却阶段的目的和要求是不相同的。

A 一次冷却

一次冷却是指从终轧温度开始到奥氏体向铁素体开始转变温度 Ar_3 或二次碳化物开始析出温度 Ar_{cm} 范围内的冷却，控制其开始快冷温度、冷却速度和快冷终止温度。一次冷却的目的是控制热变形后的奥氏体状态，阻止奥氏体晶粒长大或碳化物析出，固定由于变形而引起的位错，加大过冷度，降低相变温度，为相变做组织上的准备。相变前的组织状态直接影响相变机制和相变产物的形态和性能。一次冷却的开始快冷温度越接近终轧温度，细化奥氏体和增大有效晶界面积的效果越明显。

B 二次冷却

二次冷却是指热轧钢板经过一次冷却后，立即进入由奥氏体向铁素体或碳化物析出的相变阶段，在相变过程中控制相变冷却开始温度、冷却速度（快冷、慢冷、等温相变等）和停止控冷温度。控制这些参数，就能控制相变过程，从而达到控制相变产物形态、结构的目的。参数的改变能得到不同相变产物、不同的钢材性能。

C 三次冷却或空冷

三次冷却或空冷是指相变之后直到室温这一温度区间的冷却参数控制。对于一般钢材，相变完成，形成铁素体和珠光体。相变后多采用空冷，使钢板冷却均匀、不发生因冷却不均匀而造成的弯曲变形，确保板形质量。另外，固溶在铁素体中的过饱和碳化物在空冷中不断弥散析出，使其沉淀强化。

对一些微合金化钢，在相变完成之后仍采用快冷工艺，以阻止碳化物析出，保持其碳化物固溶状态，以达到固溶强化的目的。

总之，钢种不同、钢板厚度不同和对钢板的组织和性能的要求不同，所采用的控制冷却工艺也不同，控制冷却参数也有变化，3个冷却阶段的控制冷却工艺也不相同。

5.4.4.2 分阶段轧制和多块钢轧制

根据生产钢种、规格以及成品性能的不同要求，控制轧制需考虑分阶段轧制。分阶段轧制一般分为两阶段轧制和三阶段轧制。

由于控制轧制要控制不同轧制阶段的开轧温度，因此在轧制过程中势必存在中间坯的待温过程。对于单机架，如果中间坯的待温时间大于其上一个阶段的轧制时间，则可以在这段时间内安排下一块钢的轧制；对于双机架，如果中间坯的待温时间大于其在粗轧机和精轧机各自的轧制时间，则在中间坯待温时间内也可考虑进行下一块钢的轧制。根据生产工艺的要求（轧制阶段、各阶段的压下率以及开轧温度和终轧温度等），计算出每个轧件的轧制时间和中间坯的待温时间，就可以进行合理的节奏安排，确定采用几块钢在一段时间内同时进行轧制以提高轧制产量，这就是所谓的多块钢轧制。

采用单机架配置时，两阶段轧制或三阶段轧制全部在单机架上完成，两阶段轧制采用多块钢顺序轧制方式（linear rolling），三阶段轧制可采用多块钢顺序轧制方式或多块钢交叉轧制方式（tandem rolling）。采用双机架配置时，两阶段轧制在粗轧机上完成第一阶段轧制，在精轧机上完成第二阶段轧制。三阶段轧制时，为了尽可能保持两机架的负荷平衡，同时兼顾两机架的轧制节奏，多采用粗轧机完成两个阶段轧制，精轧机完成第三阶段轧制。图5-12～图5-15分别为单机架与双机架轧机两阶段和三阶段轧制示意图。

图 5-12 单机架轧机两阶段轧制

图 5-13　单机架轧机三阶段轧制

图 5-14　双机架轧机两阶段轧制

图 5-15　双机架轧机三阶段轧制

　　上文提到了多块钢顺序轧制和交叉轧制，这是多块钢轧制的两种方法。多块钢顺序轧制主要在两阶段或三阶段轧制时采用，多块钢交叉轧制主要在三阶段轧制时采用。下面就单机架的两阶段多块钢顺序轧制和三阶段交叉轧制做一个简单的比较说明。

　　如图 5-16 所示，单机架两阶段顺序轧制通常能够同时轧制两块以上的坯料，中间坯待温冷却的位置是在机前和机后。第一阶段轧制坯料全部按奇数道次完成并送至轧机出口区域，在轧机出口区域冷却一段时间后，所有的中间坯再通过空过道次（dummy pass）运送回机前，在达到开轧温度后，再按顺序进行精轧（第二阶段）轧制。

　　如图 5-17 所示，单机架三阶段交叉轧制总是选择对两块坯料进行轧制，中间坯的待温冷却位置是不同的，第一阶段中间坯在机前冷却，第二个阶段中间坯在机后冷却。第一阶段至第二阶段的冷却位置变化是通过常规道次或空过道次（假道次）来实现的，在第一块坯料的第二个冷却阶段将进行第二块中间坯的轧制，然后在第二块中间坯的第一次冷却期间，第一块坯料完成精轧轧制。

　　从图 5-16 和图 5-17 中可以看出，单机架的交叉轧制对于加热炉的出炉节奏和轧制节奏是匹配的，顺序轧制的出炉节奏和轧制节奏是不匹配的（要求加热炉一次要出炉多块坯料）。交叉轧制只能在三阶段轧制时采用，而且对轧制块数有所限制（只能是两块），而顺序轧制能够同时轧制两块以上的钢板，对于轧线产能的发挥更加有利。仅对单机架的三阶段轧制而言，如果轧制时间和中间坯待温冷却时间的关系只能维持两块钢板轧制时，应选用交叉轧制为佳，否则应尽量选用顺序轧制。

微课：分阶段轧制和多块钢轧制

课件：分阶段轧制和多块钢轧制

图 5-16　单机架多块钢两阶段顺序轧制

图 5-17　单机架多块钢三阶段交叉轧制

6 中厚板板凸度和板形控制技术

6.1 板凸度和板形的基本概念

板形包括中厚板长度方向上和厚度方向上的平坦程度，长度方向上通常用平直度或翘曲度，俗称浪形来表示。在板的厚度方向上的尺寸，即断面形状也很重要，断面形状包括板凸度、边部减薄及断面形状等一系列概念。即板形包括成品带钢断面形状和平直度两项指标，断面形状和平直度是两项独立指标，但相互存在着密切关系。

板凸度是最为常用的横向厚度分布的代表性指标，所以板凸度和平直度是中厚板重要的质量指标，近年来，在中厚板轧制中，普遍采用大压下轧制、低温轧制等技术，轧制力大幅增加，板凸度和平直度控制的问题也更加突出。

严格来说，板形又可分为视在板形与潜在板形两类。所谓视在板形，就是指在轧后状态下即可用肉眼辨别的板形；而潜在板形是在轧制之后不能立即发现，而要在后部加工工序中才会暴露。例如，有时从轧机轧出的板材看起来并无浪瓢或有浪瓢经矫直后浪瓢消失，但一经纵剪后，即出现旁弯或者浪皱，于是便称这种板材具有潜在板形缺陷。我们的总目标是要将现在板形或潜在板形都控制在允许的范围之内，而并不仅仅满足于轧后或矫后平直。

图 6-1 给出了断面厚度分布的实例，轧出的板材断面呈鼓肚形，有时带楔形或其他不规则的形状。这种断面厚差主要来源于不均匀的工作辊缝。如果不考虑轧件在脱离轧辊后所产生的弹性恢复，则可认为，实际的板材断面厚差即等于工作辊缝在板宽范围内的开口度差。

图 6-1　断面形状

6.1.1　板凸度

中厚板板凸度可以定义为炸鸡那横断面上中心处厚度与边部某一代表点（一般指离实际轧件边部 40mm 处的点）处厚度之差值，即

$$C_h = h_c - h_e$$

式中　　h_c——钢板横断面上中心处的厚度；

h_e——钢板横断面上边部某一点代表处厚度。

6.1.2　边部减薄

轧后板材在 90% 的中间断面大致具有二次曲线的特征，而在接近钢板边部处，厚度迅速减小，发生边部减薄现象。工业应用中，板凸度指除去边部减薄区以外断面中间和边部厚度差。边部减薄也是一个重要的断面质量指标。边部减薄量直接影响到边部切损的大小，与成材率有密切关系。边部减薄表示为

$$C_e = h_{e_1} - h_{e_2}$$

式中　　C_e——板带钢的边部减薄；

h_{e_1}——边部减薄区的厚度；

h_{e_2}——骤减区的厚度。

6.1.3　中厚板断面形状的表达式

中厚板的板形与中厚板断面形状有关，所以为了控制中厚板的平直度，也可以将中厚板的板形用断面形状参数来表达。钢板的断面形状可以用轧件厚度 $h(x)$ 和板宽方向离开中心线距离 x 之间的多项式来表示，即

$$h(x) = h_c + a_1 x + a_2 x^2 + a_3 x^3 + a_4 x^4$$

式中　　　　　h_c——轧件中部的厚度；

a_1，a_2，a_3，a_4——断面形状的特征参数。

任何一个给定的断面形状，都能以上式来表达。但是除一次项与两侧压下不等有关外，一般认为中厚板轧件是左右对称的，因此奇次项不存在，同时为了计算的简便，可以忽略高次项的影响，因此上式可以写成

$$h(x) = h_c + a_1 x + a_2 x^2 + a_4 x^4$$

由上式可知，只要知道 4 个参数 h_c、a_1、a_2、a_4，则断面形状完全可以确定。系数 a_1、a_2 和 a_4 主要取决于轧辊凸度分布 ΔD_x、单位长度轧制力分布 ΔP_x、弯辊力大小和方向 F_w，分别控制 ΔD_x、ΔP_x、F_w，就可以改变 a_1、a_2 和 a_4，从而达到改变轧后件断面形状和控制平直度的目的。

上下辊各种辊型的综合构成了空载辊缝形状。当轧入轧件时，在轧制力的作用下，轧辊将发生弯曲和剪切变形（60% ~ 70% 为弯曲变形），因而形成有载辊缝形状。有载辊缝形状与下列因素有关：

（1）轧制力造成的辊系弯曲变形（包括剪切变形）及辊系压扁变形；

（2）弯辊力造成的辊系弯曲变形；

（3）轧辊热膨胀引起的辊形状变化；

（4）轧辊磨损（工作辊与支撑辊的磨损）对辊缝形状的影响；

（5）原始轧辊辊型（工作辊与支撑辊的辊型）对辊缝形状的影响；

（6）在线可调辊型（CVC、PC 等）对辊缝形状的影响。

6.1.4 板平直度

将中厚板设想成是由若干纵条组成的整体，各窄条之间相互牵制、相互影响。若轧件沿横向厚度压下不一样，则各窄条就会相应地发生不同的延伸，从而在各条之间产生相互作用的应力。当该内应力足够大时，就会引起轧件的翘曲，此翘曲程度即被定义为平直度。在中厚板生产中，一般用中浪或边浪来定义翘曲，平直度的定量表示方法有很多种，较为实用的有相对长度表示法、波形表示法、残余应力表示法等。

图 6-2 板形的相对长度差表示法

6.1.4.1 相对长度表示法

作为平直度的定量指标，如图 6-2 所示有两个量，其一是用横向上最长与最短纵条间的相对长度差来表示，即相对延伸差 E：

$$E = \frac{\Delta L}{L}$$

式中　ΔL——轧后轧件最长与最短纵条长度之差；
　　　L——轧后轧件最短纤维的长度。

相对延伸差 E 的国际通用单位为 I 单位，一个 I 单位相当于相对长度差为 10^{-5}。

6.1.4.2 波形表示法（翘曲度法）

用波形表示板形的方法可分为波高表示法及波浪度表示法。用板材翘曲曲面上偏离基准平面的最大距离来表示板形的方法称为波高表示法。而将此段板材的翘曲认为是一正弦波，用其波高与波长的比值来表示板形的方法称为波浪度表示法。波形表示法（翘曲度法）如图 6-3 所示，其数学表达式为

$$\lambda = \frac{R_{\mathrm{v}}}{L_{\mathrm{v}}} \times 100\%$$

式中　λ——翘曲度，以百分数表示；
　　　R_{v}——波高或波幅，mm；
　　　L_{v}——波长，mm。

6.1.4.3 残余应力表示法

轧件宽度方向上分成许多纵向小条只是一种假设，实际上轧件是一个整体，小条变形时要受到左右小条的限制，因此当某小条延伸较大时，受到左右小条的影响，将产生压应力，而左右小条将产生张应力。这些压应力或张应力称为内应力，轧制完成后的内应力称为残余应力。

特别是在目前板带生产中，随着接触式板形仪的逐渐广泛应用，这种利用在轧

图 6-3　板形的波形表示法

制过程中所检测到的前张应力差分布来表示板形的方法被广泛采用。残余应力表示法的数学表达式为

$$\sigma_{re} = a_T \left(\frac{2x}{B}\right)^2 + \text{const}$$

式中　σ_{re}——辊缝出口处 x 点在钢板中发生的残余应力；

　　　a_T——板形参数；

　　　B——板宽；

　　　x——所研究点距钢板中心的距离；

　　const——二次函数常量。

6.1.5　良好平直度的条件

平直度一般是指浪形、瓢曲或旁弯的有无及存在程度，如图 6-4 所示。

平直度和带钢在每机架入口与出口处的相对凸度是否匹配有关，如图 6-5 所示。如果假设带钢沿宽度方向可分为许多窄条，对每个窄条存在以下体积不变关系（假设不存在宽展）

$$\frac{L(x)}{l(x)} = \frac{h(x)}{H(x)}$$

式中　$L(x)$，$H(x)$——入口侧 x 处窄条的长度和厚度；

　　　$l(x)$，$h(x)$——出口侧 x 处窄条的长度和厚度。

也可以用

图 6-4　平直度

(a) 旁弯；(b) 边浪；(c) 中浪

$$\frac{L_e}{l_e} = \frac{h_e}{H_e} \text{ 及 } \frac{L_c}{l_c} = \frac{h_c}{H_c}$$

分别表示边部和中部小条的变形。良好平直度的条件为

$$l_e = l_c = l_x$$

设

$$\Delta l = l_c - l_e$$

$$\Delta L = L_c - L_e$$

式中　ΔL——轧前来料平直度。

设来料凸度为 Δ（断面形状）

$$\Delta = H_c - H_e$$

将 $H_c L_c = h_c l_c$ 和 $H_e L_e = h_e l_e$ 两式相减后得

$$H_c L_c - H_e L_e = h_c l_c - h_e l_e$$

$$(\Delta + H_e)(\Delta L + L_e) - H_e L_e = (\delta + h_e)(\Delta l + l_e) - h_e l_e$$

展开后如忽略高阶微小量后可得

$$\frac{\Delta l}{l} = \frac{\Delta L}{L} + \frac{\Delta}{H} - \frac{\delta}{h}$$

平直度良好条件为 $\Delta l/l = 0$，所以

$$\frac{\delta}{h} = \frac{\Delta L}{L} + \frac{\Delta}{H}$$

如来料平直度良好，$\Delta L/L = 0$，则

$$\frac{\delta}{h} = \frac{\Delta}{H}$$

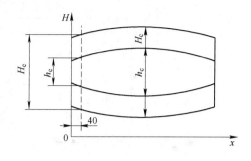

图 6-5　入口和出口断面形状

即在来料平直度良好时，入口和出口相对凸度相等，这是轧出平直度良好的带钢的基本条件。

上面所述的相对凸度恒定为板形良好条件的结论，对于冷轧来说是严格成立的。对于中厚板轧制由于前几个机架轧出厚度尚较厚，轧制时还存在一定的宽展，因而减弱了对相对凸度严格恒定的要求。图 6-6 给出不同厚度时轧件金属横向及纵向流动的可能性，由图 6-6 可知热轧存在三个区段：

（1）轧件厚度小于 6mm 左右时不存在横向流动，因此应严格遵守相对凸度恒定条件以保持良好平直度；

（2）6~12mm 为过渡区，横向流动由 0% 变到 100%。此处100% 仅意味着将可以完全自由地宽展；

（3）12mm 以上厚度时相对凸度的改变受到限制较小，即不会因为适量的相对凸度改变而破坏

图 6-6　横向流动的三个区段

平直度。因此将会允许各小条有一定的不均匀延伸而不会产生翘曲。

为此 Shohet 等曾进行许多试验，并由此得出图 6-7 所示的 Shohet 和 Townsend 临界曲线，此曲线的横坐标为 b/h，纵坐标则为变形区出口和入口处相对凸度差 ΔCR

$$\Delta CR = \frac{CR_h}{h} - \frac{CR_H}{h_0}$$

式中　CR_h，CR_H——出口和入口带钢凸度；

　　　h，h_0——出口和入口带钢厚度。

此曲线的公式为

$$-40\left(\frac{h}{b}\right)^{1.86} < \Delta CR < 80\left(\frac{h}{b}\right)^{1.86}$$

上部曲线是产生边浪的临界线，当 ΔCR 处在曲线的上部时将产生边浪。下部曲线为产生中浪的临界线。

图 6-7　Shohet 和 Townsend 的 ΔCR 允许变化范围的

此曲线限制了每个道次能对相对凸度改变的量，超过此量将产生翘曲（破坏了平直度）。

6.2　普通轧机板形控制方法

对于普通的四辊轧机，常用的板形控制方法有以下几种，分别为设定合理的轧辊凸度、合理的生产安排、合理制定轧制规程、调温控制法、液压弯辊。

6.2.1　调温控制法

人为地改变辊温分布，以达到控制辊型的目的。对于采用水冷轧辊的钢板热轧机，如发现辊身温度过高，可适当增大轧辊中段或边部冷却水的流量以控制热辊型。相反，如发现辊身温度偏低，可适当减小轧辊中段或边部冷却水的流量以控制热辊型。

调温控制法是生产中常用的辊型调整方法，多半由人工根据料形与厚差的实际情况进行辊温调节的。由于轧辊本身热容量大，升温或降温需要较长的过渡时间，辊型调节的反应很慢。因此，次品多且急冷急热容易损坏轧辊。对于高速轧机，仅仅靠调节辊温来控制辊型是不能很好地满足生产发展的要求。

6.2.2　合理生产安排

在一个换辊周期内，一般是按下述原则进行安排，即先轧薄规格，后轧厚规格；先轧宽规格，后轧窄规格；先轧软的，后轧硬的；先轧表面质量要求高的，后轧表面质量要求不高的；先轧比较成熟的品种，后轧难以轧的品种。如某车间，在换上新辊之后，一般是先轧较厚、较窄的成熟品种即烫辊材，以预热轧辊使辊型能进入理想状态。然后，逐渐加宽、减薄（过渡材），当热辊型达到稳定（轧机状态最佳），开始轧制最薄最宽的品种，随着轧机的磨损，又向厚而窄的品种过渡，一直轧到换辊为止。一个换辊周期内产品规格的安排，如钢锭形，如图 6-8 所示。

6.2.3　设定合理的轧辊凸度

辊型设计的内容包括确定轧辊的总凸度值、总凸度值在一套轧辊上的分配以及

图 6-8 产品宽度规格安排的示意图

确定辊面磨削曲线。

四辊轧机轧辊磨削凸度的分配原则有两种，一种是两个工作辊平均分配磨削凸度，两个支撑辊为圆柱形；另一种为磨削凸度集中在一个工作辊上，其余三个轧辊都为圆柱形。后一种方法便于磨削轧辊。

6.2.4 合理制定轧制规程

轧制负荷的变化导致了辊缝凸度的变化，为了保证钢板板形良好，生产中必须首先对轧机各道次的负荷进行合理的分配。前面的道次主要考虑轧机强度和电机能力等设备条件的限制，后面道次主要考虑如何得到良好的板形。这种方法制定轧制规程时，一般只考虑到压下量大小（或轧制力）对板形的影响，而未估计到轧制过程中轧辊热膨胀和磨损等变化因素对板形的影响，因而不能保证每一张钢板都得到良好的板形。鉴于此，可以采用动态负荷分配法计算轧机预设定值。它在实际计算过程中是根据每一张钢板轧制时的实际状况，从板形条件出发，充分考虑到轧辊辊型的实时变化，因此这一方法尤其适合于生产中经常变换规格的情况，对于新换轧辊或停车时间较长的情形也能很快得到适应，轧出具有良好板形的钢板来。

微课：板形
控制方法

课件：板形
控制方法

6.3 理论法制定压下规程

6.3.1 压下规程的制定原则

中厚板轧制规程的制定是轧机过程控制模型设定系统的核心内容，它是一个多目标最优化过程。它的约束条件包括轧机牌坊极限能力、轧辊安全条件、连接轴安全条件、电机能力、轧制工艺条件、板形良好条件及转钢限制等。

其控制目标包括最少轧制道次、轧制负荷均匀、板形良好、达到目标厚度和目标宽度、满足轧制工艺、平面形状良好等。

由此可见轧制规程的制定非常烦琐，一般需要通过大量的迭代计算才能得到合理的轧制规程。控制目标的侧重点不同，轧制规程的计算结果也会发生变化。合理地优化计算过程需要考虑不同产品的控制目标要求。

6.3.2 轧机负荷分配

随着计算机技术和轧机制造技术的发展，大量的轧机负荷分配算法得到开发和应用。其中国外影响较大的主要有恒比例凸度法、联合控制凸度-板形法、带有板形控制的满负荷道次分配法。还有一些比较好的压下规程分配方法，但基本上是从这三种算法演变发展而来的。

国内中厚板轧制负荷分配算法的研究起步较晚，20 世纪 80 年代初提出的中厚板精轧压下量逐步逼近优化法，是国内较早发表的中厚板负荷分配算法。随着计算机技术的发展，近年又开发出综合等负荷算法、负荷协调分配算法等新的负荷分配方法。

6.3.2.1　恒比例凸度法

恒比例凸度法实际上是借鉴了热连轧规程分配的思想。最初的几个道次采用满负荷道次，尽量在轧机能力允许的范围内加大压下量，减少轧制道次，降低热损失。后几个道次，特别是后三个道次为板形道次，需要满足比例凸度恒定的原则。因此，恒比例凸度法一般采用分段控制策略，如图 6-9 所示。即在前面道次不考虑板凸度和板形的影响，而只在后几个道次严格遵循比例凸度恒定原则，使轧件出口板形稳定。这种算法应用比较早，对早期中厚板压下规程制定有很大影响。

图 6-9　中厚板压下规程分配的恒比例凸度法

6.3.2.2　联合控制凸度-板形法

因为恒比例凸度法需要的精轧道次较多，而且忽略了厚板轧制过程中的金属横向流动，所以开发出联合控制凸度-板形压下规程设计法。这种方法在压下规程分配时考虑了轧制过程金属横向流动的影响，允许在中间道次偏离等比例凸度线，实行一定程度的大压下轧制，只对末道次给予严格控制。由于厚板轧制过程中金属有较大的横向流动，所以偏离恒比例凸度线对板形不会产生太大的影响，但可以显著提高轧机的生产能力。其压下规程分配的示意图如图 6-10 所示。

6.3.2.3　带有板形控制的满负荷道次分配法

一般的老式中厚板轧机缺少板凸度控制手段，所以在制定后部精轧道次的轧制规程时，需要遵循比例凸度恒定的原则，这必然限制轧机能力的发挥。随着大凸度控制轧机（如 PC 轧机、CVC 轧机）的出现，轧机具备了强有力的板凸度控制手段，

图 6-10 中厚板压下规程分配的联合控制凸度-板形法
1—恒比例凸度线；2—恒比例凸度法确定的压下规程；3—联合控制凸度-板形法确定的压下规程

因而中厚板压下规程的分配方法发生了变化。这些新型轧机板凸度控制范围足够宽，所以可采用全新的压下规程分配法——带有板形控制的满负荷道次分配法。该方法根据终轧厚度、终轧凸度的要求，在保证各个道次满负荷的条件下，制定相应的轧制规程。比例凸度恒定的原则可以通过强有力板形控制手段进行调整补偿。图 6-11 是其中使用 PC 轧机的情况下，某一个道次的压下量和交叉角的确定方法示意图。由于出口板厚与板凸度已知，根据恒比例凸度原则可计算出入口比例凸度，然后计算出入口板凸度以及板形良好对应的凸度控制范围。采用该方法可以最大幅度地减少轧制道次，同时保持板形良好。

图 6-11 PC 轧机道次压下量和交叉角确定方法

6.3.2.4 负荷协调分配算法

负荷协调分配算法吸收了逼近法和综合等负荷分配算法的优点，克服了逼近法对于轧制力修正系数选取的不确定性，并可以很方便地根据实际板形对压下规程进行调节。负荷协调分配算法的基本思想如下。

（1）首先确定总轧制道次数。具体步骤如下：

1）根据最大压下率限制计算总轧制道次数的初始值；

2）借鉴逼近法思想，计算各道次的最大压下量；

3）调整总轧制道次数直到满足第 n 道次的出口厚度 h_n 小于目标厚度 h_{target}。

（2）总轧制道次数确定后，由于第 n 道次的出口厚度小于目标厚度，所以需要通过调整压下规程满足 $|h_n - h_{target}| < e_{min}$，综合等负荷函数法就可以得到采用。

这种算法处理板形和凸度的思想是：使后三个或四个道次轧制力呈线性下降，终轧轧制力一般在允许最大轧制力的 40%～70% 之间。允许最大轧制力等于调节系数 k_F 和最大轧制力 F_{max} 的乘积。在规程调整初始阶段，取 $k_F = 1$，其他限制系数如轧制力矩限制系数等也都取值为 1。在调整轧制规程时，如图 6-12 所示，减小 k_F，则每个道次的最大压下量也会随之减小。很明显，如果 k_F 减小到一个合适的数值 k_{F_2} 时，第 n 道次的出口厚度正好等于目标厚度。

图 6-12　轧制力限制系数与道次最大压下量的关系

实际轧制过程中有很多因素在制定轧制规程前是未知的。轧辊的磨损凸度和热膨胀凸度的影响、轧件温度的波动都会对轧件的板形产生影响，而这些因素的影响很难通过精确的数学模型给出估计。该算法针对这种情况提出动态调整方法：如果轧件的最终道次板形出现边浪，则降低终轧轧制力 F_{last}；如果轧件出现中浪，则增加 F_{last}。这种方法实际是对人工调整轧制规程方法的总结，实践证明这种方法实用性很强，同时比较灵活。

6.3.2.5　带弯辊的逼近满负荷分配法

随着轧机能力和轧制宽度的不断增大，工作辊弯辊系统逐渐得到应用，由此提出逼近满负荷分配法。

分析中厚板轧制过程可知，对轧件板形和板凸度有决定性影响的道次主要是后三四个道次，前面道次轧件厚度比较厚，凸度遗传效应小，所以不必对一块钢所有轧制道次全部采用弯辊进行板形控制，只需要在后几个关键道次采用弯辊进行板形和板凸度调整即可满足相应的精度要求。结合这个特点，该方法充分考虑中厚板的横向流动，只在最后三个或四个道次进行弯辊控制，各道次允许比例凸度在板形良好范围内波动，而前面道次不采用弯辊，并尽量发挥轧机的能力采取大压下量。

弯辊力最大设定值是一个关键参数。目前一些有弯辊装置的轧机通常弯辊力不大，有的最大值只有 2000kN，这意味弯辊力对凸度的有效控制是有限的。

弯辊力的设定需要考虑最后三四个道次的比例凸度变化量。假定只对最后三个道次采用弯辊控制，如图 6-13 所示，目标凸度是 C_n，倒数第四个道次的轧件出口

比例凸度是 C_{n-4}，对于倒数第三和第二个道次，首先在不考虑板形要求的条件下计算最大压下量，并计算出口板形和板凸度，然后设定弯辊力，尽量使其出口板凸度位于恒比例凸度线附近，如果弯辊力设定值达到上限，而出口板凸度仍不能达到恒比例凸度线，则适当减小该道次许可最大轧制力，并重新设定弯辊力，如果通过调整许可最大轧制力还不能满足恒比例凸度要求，则弯辊力取上限值。对于最后一个道次，当道次许可最大轧制力调整完毕且弯辊力设定值达到上限时，如果出口板凸度仍不能满足目标凸度时，需要再调整目标凸度，使之满足恒比例凸度要求。

图 6-13 板凸度变化与厚度的关系

7 轧件矫直

7.1 概　述

钢板在加热、轧制、精整、运输及各种加工过程中，由于温度不均、变形不均、轧后的冷却、剪切运输以及其他因素的影响，往往产生不同程度的弯曲、瓢曲、浪形、镰刀弯或歪扭等塑性变形，表现为如图 7-1 所示的产品缺陷。要完全避免和消除这些缺陷是很难的，甚至是不可能的，因此轧后的产品必须按国家规定的相关质量标准进行矫直，以满足用户的使用要求。

由于轧材品种规格的多样化和对其形状精度要求的不同，所需要的矫直方式和矫直设备也各不相同。按用途和工作原理矫直机可以分为如图 7-2 所示的几种基本形式。

（1）压力矫直机：如图 7-2（a）所示，将轧件的弯曲部位支撑在工作台的两个支点之间，用压头对准最弯部位进行反向压弯。压头撤回后工件的弯曲部位变直。这种矫直机主要用于矫直板材、大型钢梁、钢轨、型材、棒料和管材。

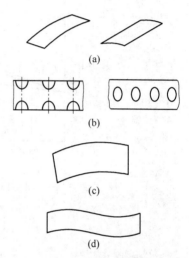

图 7-1　板带材形状缺陷

（a）纵向和横向瓢曲；
（b）边部波浪弯和中部波浪弯；
（c）镰刀弯；（d）浪形

图 7-2　矫直机的基本形式

（a）压力矫直机；（b）平行辊矫直机；（c）斜辊矫直机；
（d）拉伸(张力)辊矫直机；（e）拉弯辊矫直机；（f）扭转辊矫直机

（2）平行辊矫直机：如图 7-2（b）所示，这种矫直机克服了压力矫直机断续工作的缺点，从入口到出口交错布置若干个互相平行的矫直辊，按递减压弯规律对轧件进行多次反复压弯以达到矫直目的，能获得很高的矫直质量。这种矫直机广泛应用于板材和型材的矫直。

（3）斜辊矫直机：如图 7-2（c）所示，这种矫直机采用具有类似双曲线形状的工作辊互相交叉排列，圆材在矫直时边旋转边前进，从而获得对轴线对称的形状。主要用于矫直棒材和管材。

（4）拉伸（张力）辊矫直机：如图 7-2（d）所示，板带材的纵向或横向弯曲可以在一般辊式矫直机上得到有效的矫直，其中间曲或边缘浪形需要采用拉伸矫直的方法，使金属参差不齐的纤维受到塑性拉伸后达到矫直目的。主要用来矫直薄带材和复杂断面异形材。

（5）拉弯辊矫直机：如图 7-2（e）所示，当带材在小直径的曲辊子上弯曲时，同时施加张力，使带材产生弹性延伸，从而得到矫直。一般设在连续作业线上，用于矫直各种金属带材尤其是薄带材。

（6）扭转辊矫直机：如图 7-2（f）所示，对发生扭转变形的轧件，施加外扭矩使其反向扭转而得到矫直。扭转矫直机是用来消除轧件断面相对轴线发生扭转变形的一种矫直设备，主要用于矫直型材。

近几年来，随着工业的发展，用户自动化加工水平得到了进一步的提高，对钢板平直度提出更加严格的要求，而且中厚板生产工艺有了很大的进步，如采纳控轧控冷工艺、增大产品的厚度范围、提高产品的强度等，这就需要更大矫直力和矫直精度的矫直机设备，在此情况下国内外许多矫直机供货厂家在传统辊式矫直机的基础上推出各种新型的矫直机以满足上述不同需求。

（1）组合式矫直机：1986 年日本住友金属公司鹿岛厂由于控轧控冷后钢板温度下降与板形差，需要的矫直力增大，所以将现有矫直机改成为轻重型矫直机组合式，也称为母子式矫直机。这种组合形式配置时重型在前轻型在后，轻重两台直机之间张力由轻型新直机测力仪反馈到重型直机上进行动态控制，使轻重型矫直机之间形成张力而用于矫直薄的中板。采用组合式矫直机使直钢板的厚度范围扩大到 4.5~70mm，而且使矫直后钢板的不平直率减少了 50% 以上。这样既可满足控轧控冷后热矫的要求，又可矫直薄的中板。但这种设备比较大，等于大小两台矫直机，投资增加了很多。

（2）混合式辊式矫直机：混合式辊式矫直机是由进出口各 4 根直径为 190mm 的小矫直辊（由 2 台电动机传动）、中间的 5 根直径为 315mm 的大矫直辊与 2 根直径为 282m 的中矫直辊（由 1 台调速电动机传动）组成的，混合式 15 辊矫直机也称为可收缩式辊式矫直机。进出口下部 4 根矫直辊设有弯辊装置，以改善钢板横向平直度，且使小辊与大中辊之间有一个速度差，形成一定的张力，以改善钢板纵向平直度。矫直薄的中板时 15 根辊都投入工作，并给予一定的张力。因此，对板厚 6mm以下也能取得较好的平直度。这种矫直机的最大矫直力可达 41000kN，且能满足用一台矫直机矫直厚度范围比较大的生产要求，但设备结构较复杂。

（3）变辊数与辊距的矫直机：将 9 辊矫直机的上下各 2 根直辊即第 3、7 根和第

4、6 根直辊分别升和降，使原有辊距为 200mm×8 的 9 辊矫直机转换为辊距为 200mm+600mm×2+200mm 的 5 辊矫直机，矫直钢板的厚度范围可扩大 50%。

　　传统矫直机的辊数与辊距是不变的，其矫直钢板的厚度范围约为 4 倍。改变成 5 辊矫直机主要用于直厚规格钢板，而原 9 辊矫直机则用于矫直薄的中板。虽然这样可以比较简单地扩大了矫直机矫直钢板的厚度范围，但因辊径不变而辊距太大，所以其矫直能力与效果仍会受到限制，而且需要设置单独的升降装置，因此在实际生产中应用并不多。

7.2　矫　直　理　论

　　轧件的矫直就是使轧件承受一定方式和大小的外力，产生一定的弹塑性变形，当除去外力后，在内力作用下产生弹性恢复变形，从而得到正确的轧件形状。轧件的矫直过程实质上是弹塑性变形的过程。按轧件的应力和应变状态，可分为弯曲矫直、拉伸矫直、拉弯矫直、扭转矫直等基本矫直方式，而弯曲矫直方式广泛用于压力矫直机、辊式矫直机和拉弯矫直机。在这类矫直机上，轧件的矫直过程由两个阶段组成，在外负荷弯曲力矩作用下的弹塑性弯曲阶段即反弯阶段和除去外负荷后的弹性恢复阶段即弹复阶段。

　　显然，要把弯曲的钢材弄直，就必须使钢材发生变形，钢材在矫直过程中的变形，既有弹性变形又有塑性变形，二者是同时存在。

　　当钢材进入矫直机时，矫直辊给予钢材一定的压力，上排辊的压力和下排辊的压力方向相反，因而使钢材产生反复地弯曲，然后逐渐地平直。钢材出矫直机后，即取消了压力，被矫的钢材由弯曲变为平直。所以整个矫直过程就是弹塑性变形的过程。

7.2.1　弹塑性弯曲的基本概念

　　如果有一原始曲率为 $\dfrac{1}{r_0}$ 的单向弯曲轧件，要使其矫直，应该将此轧件往原始弯曲的反方向弯曲到曲率 $\dfrac{1}{\rho_0}$（见图 7-3），如果 $\dfrac{1}{\rho_0}$ 选取适当，当除去外载

图 7-3　矫直原理示意图

荷后，反弯的曲率 $\dfrac{1}{\rho_0}$ 经弹复，轧件有可能变直。

　　可见，轧件从弯曲到矫直，说明轧件必然产生塑性变形；从而一定的反向弯曲，卸载后恢复到平直状态，这又说明轧件的弹复部分产生弹性变形。

　　因此，在压力和辊式矫直机矫直过程中，轧件产生弹塑性变形。

　　轧件变形程度的大小一般用曲率来说明，所以轧件在被矫直前、后弯曲情况的变化，可以用以下几个曲率表示。

7.2.1.1 原始曲率 $\dfrac{1}{r_0}$

轧件在矫直前所具有的曲率称为原始曲率，用 $\dfrac{1}{r_0}$ 表示，其中 r_0 是轧件的原始曲率半径。矫直前的轧件有的向上凸弯，有的向下凹弯，而有的没有弯曲（平直的）。为了讨论方便，以 $+\dfrac{1}{r_0}$ 表示向上凸，以 $-\dfrac{1}{r_0}$ 表示向下凹，而 $\dfrac{1}{r_0}=0$ 时，表示轧件平直。当轧件具有最小原始曲率半径 r_{0min} 时，其原始曲率为最大。所以轧件的原始曲率是在 $0\sim\pm\dfrac{1}{r_{0min}}$ 范围内变化。

7.2.1.2 反弯曲率 $\dfrac{1}{\rho_0}$

将具有原始曲率为 $\dfrac{1}{\rho_0}$ 的轧件，向其反向弯曲后轧件所具有的曲率称为反弯曲率，用 $\dfrac{1}{\rho_0}$ 表示。

7.2.1.3 残余曲率 $\dfrac{1}{r_i}$

当除去外载荷，轧件经过弹性恢复后所具有的曲率称为残余曲率。图 7-3 所示轧件被矫直，则残余曲率 $\dfrac{1}{r_i}=0$。如果反弯曲率选择不当，则可能轧件未被矫直（见图 7-4），这时轧件所具有的曲率称为残余曲率，用 $\dfrac{1}{r_i}$ 表示。

图 7-4 弹塑性弯曲时的曲率变化

7.2.1.4 弹复曲率 $\dfrac{1}{\rho_y}$

在弹性恢复阶段，轧件得到弹性恢复的曲率称为弹复曲率，用 $\dfrac{1}{\rho_y}$ 表示。它是反弯曲率与残余曲率的代数差，即

$$\frac{1}{\rho_y}=\frac{1}{\rho_0}-\frac{1}{r_i}$$

7.2.2 辊式矫直机的矫直过程

如果轧件只有单向弯曲并且原始曲率 $\dfrac{1}{r_0}$ 严格不变，那么轧件只要用三辊矫直机就能矫直，但实际上轧件的各个断面弯曲情况都不同，有上凸也有下凹，并且原始

曲率数值也不可能严格为一常数，因此轧件不可能只在三个矫直辊间得到矫直。为了保证矫直质量，必须增加矫直辊的数量。辊式矫直机一般至少要五个矫直辊。

图 7-5 表示了原始曲率为 $0\sim\pm\dfrac{1}{r_0}$ 的轧件在辊式矫直机上的矫直过程。

图 7-5　辊式矫直机的矫直过程

（1）轧件通过第一、二辊时无变形，因此离开第二辊的原始曲率不变，仍为 $0\sim\pm\dfrac{1}{r_0}$。

（2）轧件进入第三辊的原始曲率为 $0\sim\pm\dfrac{1}{r_0}$，对于 $+\dfrac{1}{r_0}$（上凸部分）第一次受到弯曲，被反向弯曲到 $\dfrac{1}{\rho_2}$，反弯曲率 $\dfrac{1}{\rho_2}$ 的数值，是根据使上凸的 $\dfrac{1}{r_0}$ 弯曲部分得到矫直的原则选择的，所以经过第三辊后，$+\dfrac{1}{r_0}$ 弯曲部分被矫直，即曲率由 $+\dfrac{1}{r_0}$ 变为零。

对于 $-\dfrac{1}{r_0}$（下凹部分），它受到同向弯曲，弯曲变形很小，只有弹性变形，所以 $-\dfrac{1}{r_0}$ 部分被同向弯曲到 $\dfrac{1}{\rho_2}$，卸载后又弹复到原始曲率 $-\dfrac{1}{r_0}$。

对于轧件原来平直部分进入第三辊后，也被弯曲到 $\dfrac{1}{\rho_2}$，当离开第三辊卸载弹复后产生残余曲率 $-\dfrac{1}{r_2}$，如图 7-6 所示。

图 7-6　平直部分经第二辊后的残余曲率

（3）轧件进入第四辊的原始曲率为 $0\sim-\dfrac{1}{r_0}$。对于 $-\dfrac{1}{r_0}$ 部分，被第二、三、四辊反弯到曲率 $\dfrac{1}{\rho_3}$，反弯曲率 $\dfrac{1}{\rho_3}$ 是根据 $-\dfrac{1}{r_0}$ 的弯曲部分得到矫直的原则选择的，它在数值上与第一、二、三辊的反弯曲率 $\dfrac{1}{\rho_2}$ 相等，而方向则相反。所以经第四辊后，$-\dfrac{1}{r_0}$ 弯曲部分被矫直，曲率由 $-\dfrac{1}{r_0}$ 变为零。

但轧件通过第三辊已被矫直的部分（曲率变为零的部分），进入第四辊时，也被弯曲到 $\dfrac{1}{\rho_3}$，当离开第四辊卸载弹复后产生残余曲率 $+\dfrac{1}{r_3}$。因此，经第四辊后的残余曲率，即为进入第五辊的原始曲率。

（4）轧件进入第五辊的原始曲率为 $0\sim+\dfrac{1}{r_3}$，第三、四、五辊的反弯曲率 $\dfrac{1}{\rho_4}$ 是根据矫直 $+\dfrac{1}{r_3}$ 的原则选择，故经第五辊后原始曲率 $+\dfrac{1}{r_3}$ 弯曲部分被矫直。而原始曲率为零的部分，又被反弯到 $\dfrac{1}{\rho_4}$。卸载弹复后则产生残余曲率 $-\dfrac{1}{r_4}$。

由上述矫直过程可得出以下结论：

（1）在辊式矫直机矫直轧件时，轧件经各辊后的残余曲率是逐渐减小的，欲在辊式矫直机上得到绝对平直的轧件是不可能的，它只是将轧件的残余曲率逐渐减小，直至趋近于零。

（2）反弯曲率是根据轧件的原始曲率而定，由于各辊下的残余曲率逐渐减小，故各辊下的反弯曲率也是逐渐减小。

7.2.3　矫直原理的实际应用

在辊式矫直机上，按照每个辊子使轧件产生的变形程度和最终消除残余曲率的办法，可以有多种矫直方案，最基本的有以下两种矫直方案。

（1）小变形矫直方案。所谓小变形矫直方案，就是每个辊子采用的压下量刚好能矫直前面相邻辊子处的最大残余弯曲，而使残余弯曲逐渐减小的矫直方案。由于轧件上的最大原始曲率难于预先确定与测量，因而，小变形矫直方案只能在某些辊式矫直机上部分地实施。这种矫直方案的主要优点是，轧件的总变形曲率较小，矫直轧件时所需的能量也少。

（2）大变形矫直方案。大变形矫直方案就是前几个辊子采用比小变形矫直方案大得多的压下量，使钢材得到足够大的弯曲，以消除其原始曲率的不均匀度，形成单值曲率，后面的辊子接着采用小变形矫直方案。采用大变形矫直方案，可以用较少的辊子获得较好的矫直质量。但若过分增大轧件的变形程度，则会增加轧件内部的残余应力，影响产品的质量，增大矫直机的能量消耗。

微课：矫直机的原理与应用

7.3　中厚板矫直机的类型和结构

课件：矫直机的原理与应用

中厚板产品在轧制、精整、运输及各种加工过程中形成的常见的形状缺陷及产生的原因见表7-1。为了消除这些缺陷，中厚板车间常用的矫直设备为辊式矫直机和压平机（即压力矫直机）。根据矫直机的功能不同，辊式矫直机分为预矫直机、热矫直机、冷矫直机和热处理矫直机。

表 7-1　形成的常见的形状缺陷及产生原因

序号	生产过程	板形缺陷	产 生 原 因
1	轧制	中浪、边浪、浪形、镰刀弯、翘曲	厚度不均、温度不均、变形不均、主传动控制偏差、冷却不均、残余应力大且不均、缺乏平整道次
2	加速冷却	翘曲、边浪	不均匀冷却、边部过冷
3	热矫直机	原缺陷残余	矫直机能力差、操作不当
4	冷床空冷	瓢曲	不均匀冷却
5	剪切	边部剪弯	剪刃侧隙和重叠量不合适、剪机能力差
6	火焰切割	边波等	热应力
7	热处理	瓢曲等	加热与冷却不均
8	抛丸	翘曲	硬化不均，特别是单面抛丸
9	冷矫	瓢曲等	残余应力大
10	运输和存放	弯曲	运输吊装和放置不当

7.3.1　辊式矫直机

一般在厚板厂使用的辊式矫直机有热矫机、冷矫机、热处理矫直机三种。

热矫机设置在轧制线的轧机后方，它是矫直热钢板的。冷矫机在精整工序，矫直冷钢板。热处理矫直机通常设在热处理炉的出口侧，矫直经过热处理的钢板。

热矫直是使板形平直不可缺少的工序。用于轧制线上的中厚板矫直机有二重式和四重式两种。有些中板厂配备两台热矫直机，一台用来矫直较薄的钢板，一台用来矫直较厚的钢板。目前现代化中厚板厂为了满足高生产率和高质量的要求都改为安装一台四重式热矫直机。几种二重式与四重式热矫直机的矫直辊布置如图 7-7 所示。

矫直机辊数多为 9 辊或 11 辊。矫直终了温度一般在 600~750℃，矫直温度过高，矫直后的钢板在冷床上冷却时还可能发生翘曲，矫直温度过低，钢的屈服强度上升，矫直效果不好，而且矫直后钢板表面残余应力高，降低了钢板的性能，特别是冷弯性能。

为了矫直特厚钢板和对由于冷却不均等原因产生的局部变形进行补充矫直，在中厚板厂还设有压力矫直机，可以矫直厚度达 300mm 的钢板，矫直压力 5~40MN。为矫直高强度钢板还设置了高强冷矫机，可以矫直到 50mm 厚、4250mm 宽的钢板。

图 7-7　热矫直机矫直辊布置图
(a)~(c) 二重式；
(d)，(e) 四重式

随着控轧控冷工艺技术的应用，终轧与加速冷却后的钢板温度偏低（450~600℃），而钢板的屈服强度提高很多。因而对热矫直机的性能提出很高的要求，即在低温区对厚板能进行大应变量的矫直工作，从而促进了热矫直机向高负荷能力和高刚度结构发展。为提高矫直质量，而且要求矫直的板厚范围也扩大了许多。所以，出现了所谓第三代热矫直机，其主要特点是高刚度、全液压调节及先进的自动化系统。以 MDS 制造的热矫直机为例，由计算机控制的矫直辊缝调节系统可根据钢板厚度设定调节上辊组的开口度，入出口方向和左右方向的倾斜调节，上辊组可以快速打开、关闭、上矫直辊的弯曲调节用以纠正钢板的中间浪和左右边浪，每个上辊和下辊组的入出口辊可以单独调节。MDS 为迪林根厚板厂制造的一台重型九辊式热矫直机，最大矫直力为 30000kN，矫直钢板厚度为 12~110mm，据介绍，最大矫直厚度为 300mm。

三菱重工为水岛厂制造并于 1988 年投产的十五辊矫直机，入出口各 4 个小直径的矫直辊、中间主体部分为 7 个大直径的矫直辊，其矫直钢板厚度为 4.5 ~ 80（265）mm，最大矫直力为 41000kN。当矫直厚规格时，入出口各 2 个小辊抬起，矫薄规格时 15 个矫直辊全部投入，此时轻型与重型矫直辊之间形成最大为 1100kN 的拉力。

SMS 设计的新型高性能九辊式厚板热矫直机（HPL），最大特点是矫直辊数和辊距可变，从而可扩大矫直的板厚范围，如矫直辊从九辊式可改为五辊式，HPL 矫直的板厚范围为 5 ~ 120mm，最大宽度为 4500mm。另一个特点是所有的矫直辊（上、下）为单独传动和单独调节。

7.3.2 辊式矫直机的结构

矫直机主要包括矫直机本体、传动系统和快速换辊装置三大部分，如图 7-8 和图 7-9 所示，而本体主要包括机架、辊缝调节系统、弯辊系统和辊系等，如图 7-10 所示。

微课：矫直机本体

7.3.2.1 矫直机机架

机架用于安装和包容矫直机中其余部件，上下矫直辊之间的矫直力通过上下辊盒传递到机架上。矫直机机架一般有预应力机架和焊接式机架两种形式。在相同规格下预应力机架的刚度大，重量轻，同时制造和安装方便。焊接结构机架主要包含两片焊接式牌坊，通过上下横梁连接在一起。预应力机架包括拉杆及液压螺母、立柱、上横梁和底座等几个部分，用高强度预应力拉杆和液压螺母将底座、立柱和上横梁紧密连接在一起组成矫直机机架，如图 7-10 所示。当矫直机工作时受矫直力的作用，预应力拉杆和立柱的受力得到再分配，拉杆受力增加产生拉伸变形，立柱受力减少发生压缩变形，这能够充分发挥各部件材料的性能，同时这部分刚度等于立柱刚度与拉杆刚度之和。预应力机架结构紧凑，刚度大，一般设计为 10000kN/mm 以上。

课件：矫直机本体

7.3.2.2 辊缝调节系统

传统矫直机机械辊缝调节系统的缺点是精度不高、重现性差和设定准确位置的动态响应性差，不能满足现代矫直机的要求。现代中厚板矫直机采用了液压调节系统以后，上述各方面缺点才有了明显的改善。

图 7-8　单独传动的矫直机
1—矫直机本体；2—传动系统；3—换辊装置

图 7-9　分组传动的矫直机
1—矫直机本体；2—传动系统；3—换辊装置

　　矫直机的辊缝调节系统即压下机构为全液压压下结构，由 4 个液压缸及其液压控制系统组成。液压缸的缸体安装在机架横梁上，液压缸活塞杆端借助平衡液压缸

图 7-10 矫直机本体

1—机架；2—辊缝调节系统；3—弯辊系统；4—辊系

紧紧地压在上框架上，而上框架通过锁紧机构与上矫直辊的辊盒紧密结合在一起，这样通过调节上框架的升降实现上辊系的整体压下调节。如图 7-11 所示，矫直机的矫直力全部由这 4 个液压缸提供。4 个液压缸分别由 4 个伺服液压系统单独控制，液压缸的位移由安装在其内部的线性位移传感器控制。液压系统同时具有过载保护功能，当实际的矫直力超过系统设定值时系统自动卸荷，矫直机的开口度达到最大，这样可保护矫直机设备免受损坏。另外，由于 4 个液压压下缸都可以单独调整，通

图 7-11 矫直机预应力机架

1—拉杆及液压螺母；2—立柱；3—上横梁；4—底座

过单独调节 4 个液压缸的行程可以实现上辊箱的纵向倾动和横向倾动,以满足不同板形缺陷的矫直工艺要求。

按照矫直原理,钢板矫直时最佳的弯曲曲率应为在第 3 根矫直辊处最大,沿矫直机出口方向逐渐减小。而对于上矫直辊只能整体压下调整的矫直机来说很难进行上述调整以达到钢板的最佳弯曲顺序。只有所有矫直辊都能独立调整的矫直机才能设定出钢板的最佳弯曲顺序,为矫直钢板提供最好的矫直条件。具有矫直辊单独压下功能的矫直机可以满足上述要求,其结构如图 7-12 所示。

矫直辊单独调整机构是一对相互配合并能相互滑动的楔形块,安装在支撑辊与辊盒之间,每根矫直辊对应一套楔形块。两块相互配合的楔形块在传动系统(液压或电动传动)的作用下沿矫直辊轴向相互滑动以实现对应矫直辊的单独压下。

由于矫直辊可以进行单独压下调节,因而各上下矫直辊能通过楔形块调节系统作垂直调整以脱离矫直过程,使原来的固定辊距矫直机成为变辊距矫直机,这样可增大原矫直机的矫直范围。例如,将 9 辊矫直机的 3 号、4 号、6 号和 7 号矫直辊分别升降,由其余 5 根矫直辊进行矫直,矫直辊数从 9 根减少到 5 根,将现行的 9 辊矫直机转化成了 5 辊矫直机,矫直范围扩大约 50mm,如图 7-13 所示,这样相当于一台矫直机具有两台矫直机的能力。

图 7-12　矫直机压下液压缸
1—主压下液压缸;2—上矫直辊弯辊系统;3—上辊盒

图 7-13　矫直辊单独压下示意图
1—上调节楔块组;2—下调节楔块组

7.3.2.3　弯辊系统

在矫直过程中,由于受钢板变形抗力(矫直力的反作用力)的作用矫直机会发生弹性变形,变形的形式主要以伸长、压缩和挠曲等形式出现,反映到上下矫直辊之间将会出现辊缝开口度增大和不平行辊缝两种情况。若对这些辊缝变化不进行修正即对矫直机的变形不进行补偿,就达不到良好的矫直效果。矫直机由于伸长和压缩变形引起的辊缝开口度增大部分由辊缝调节系统来补偿,而由于弯曲和矫直机两侧轴向力产生的变形引起的不平行辊缝部分由弯辊系统补偿。补偿不平行辊缝部分的目的是沿板宽方向把辊缝控制成预先设定的平行形状,使钢板在包括矫直机入口和出口部分在内的整个矫直过程中矫直机的辊缝都受到控制成为理想的平行形状,有效地改善板材的横向板形。为此，在矫直机的上部设置了用于辊缝平行形状控制的上矫直辊 V 形弯辊系统。

如图 7-14 所示，上矫直辊弯辊系统主要包括弯辊液压缸、剖分式框架、偏心机构和铰接件等，由矫直机的 4 个平衡液压缸吊装在矫直机机架的上横梁。剖分式框架分为两个部分，在两部分结合面的下部由铰接点相连接，弯辊液压缸的缸体和活塞杆分别与剖分式框架两部分的上部通过偏心机构相连接，需要时在弯辊液压缸的作用下，剖分式框架的两部分分别绕铰接点旋转使原本为平面的剖分式框架的底面形成如字母 V 的形状。由于矫直机的上辊盒通过锁紧机构与上矫直辊弯辊系统的剖分式框架紧密连接在一起（见图 7-12），所以上矫直辊辊盒框架（与剖分式框架相对应分为两个部分）随上矫直辊弯辊系统产生弯曲变形，从而实现上矫直辊的弯曲。

矫直机弯曲和两侧轴向力产生的变形引起的辊缝形状变化基本上属于抛物线形，而上述弯辊系统的作用效果类似于 V 形，不能够充分地补偿矫直机的弯曲变形，同时会引起支撑辊的偏载现象。为此采用另一种矫直机弯辊系统，其结构如图 7-14 和图 7-15 所示。

图 7-14　上矫直辊弯辊系统
1—弯辊液压缸；2—剖分式框架；3—偏心机构；
4—铰接件；5—锁紧机构；6—平衡液压缸

图 7-15　上下矫直辊弯辊系统
1—主压下液压缸；2—上弯辊液压缸；
3—下弯辊液压缸

矫直机的上下框架为整体焊接件，用于控制的盘式弯辊液压缸安装在上下框架和矫直辊辊盒之间。弯辊液压缸由伺服液压系统控制，其工作原理与自动辊缝控制系统相同。辊缝控制系统的主液压缸测得的压力不仅用于辊缝控制，而且用于弯辊液压缸的控制，一旦主液压缸的油压升高，弯辊液压缸就立即开始工作进行矫直辊的弯曲和矫直机的补偿控制。而且盘式弯辊液压缸的压力按照一定的比例设定，使得这种控制的效果能够补偿矫直机的抛物线变形。

7.3.2.4　矫直辊系统

如图 7-16 和图 7-17 所示，矫直机辊系包括上辊系和下辊系，上辊系包括上工作辊辊系、上支撑辊辊系、上辊盒及其附件。上支撑辊通过轴承座固定在上辊盒里，支撑辊沿矫直辊轴向分段布置。上工作辊系由弹簧通过轴承座与上辊盒相连，使上工作辊与上支撑辊表面紧密结合。上辊盒通过锁紧机构与矫直机上矫直辊弯辊系统的剖分式框架紧紧地连接在一起，并随上框架整体升降。下辊系包括下工作辊辊系、下支撑辊辊系、出口和入口下矫直辊单独升降机构、下辊盒及其附件。同样，下支撑辊通过轴承座固定在下辊盒里，支撑辊沿矫直辊轴向分段布置。下辊盒放置在机架底板的换辊轨道上。下矫直辊的入口辊和出口辊可以单独升降，便于施加不同的矫直力，其余下矫直辊固定不动。

图 7-16　上矫直辊系统

1—上矫直辊；2—上支撑辊；3—上辊系辊盒

图 7-17　下矫直辊系统

1—下矫直辊；2—下支撑辊；3—下辊系辊盒；4—出入口辊升降机构

矫直辊的材质对矫直钢板表面质量和换辊周期有很大的影响。选用材质是以耐磨性、传动强度及受压强度来考虑的。为了防止矫直辊缺陷的产生，矫直辊与支撑辊材质保持有一定的硬度差，如矫直辊硬度选用 52~58HRC 时，则支撑辊取 48~54HRC。一般来说矫直机的换辊周期为 40 万~50 万吨。

热矫直机的钢板温度和环境温度较高，矫直机辊系的工作辊和支撑辊轴承采用油-气润滑系统润滑。为了防止热裂熔化磨损，辊子的冷却很重要，冷却形式有工作辊或支撑辊外部单独冷却或工作辊内部通水冷却。冷矫直机的矫直温度一般低于150℃，辊系的工作辊和支撑辊轴承采用干油润滑，不设专用的冷却系统。热处理矫直机矫直温度一般在 500℃ 左右，辊系的工作辊和支撑辊轴承采用油-气润滑系统润滑，通常在辊系之间吹入压缩空气进行冷却。

7.3.2.5 矫直机的传动

矫直机的矫直动力由传动电动机通过齿轮箱和传动轴传递到矫直机的矫直辊上。矫直机的传动形式基本上有三种：其一是集体传动，即传动电动机通过减速齿轮座和万向接轴将动力传递给矫直辊；其二是分组传动，即将矫直机的矫直辊分成两组（入口侧和出口侧各一组）或三组（入口侧、中间段和出口侧各一组），每一组由一台电动机传动，通过对应的减速齿轮组和万向接轴传动相应的矫直辊，而两组或三组减速齿轮组安装在同一个箱体内；其三是单独传动，即一台电动机传动一根矫直辊。

钢板在矫直过程中会发生塑性变形，所以其长度就会发生变化，在各矫直辊处钢板的弯曲曲率半径不同，要求矫直辊的转速或速度最大相差 3%。由于上述原因，集体传动的矫直辊之间产生了不受控制的辊间张力，这种力在各矫直辊的传动装置上引起额外扭矩负载，因此传动装置传递的扭矩比矫直工艺本身所需扭矩大。这些额外扭矩是机体传动装置的传动接轴和齿轮经常损坏的原因。虽然矫直辊在钢板上打滑可以部分避免这类损坏，但会造成钢板和矫直辊表面缺陷。

分组传动可以解决部分上述问题。虽然钢板矫直时每根矫直辊处的弯曲曲率半径不同，但其沿着矫直方向几乎是依次逐渐增大的趋势，因此可以将矫直辊传动分组，将弯曲曲率半径相近的矫直辊分成一组进行传动，这样就可以相对减小矫直辊的速度差，从而部分消除上述额外扭矩造成的设备损坏和产品缺陷。图 7-18 为某工厂热矫直机传动齿轮箱分组示意图。该热矫直机配置 11 根矫直辊，从入口侧依次将第 1~3 号矫直辊分为第一组，将第 4~6 号矫直辊分为第二组，将第 7~11 号矫直辊分为第三组，三组传动分别由一台电动机驱动，并将各传动齿轮布置在一个共用的齿轮箱中。这样既部分解决了机体传动的缺陷又减轻了设备重量。

采用单独传动方式可以解决上述问题，即每根矫直辊都由一台电动机通过独立的减速箱和万向接轴驱动，各个独立的减速箱被布置在一个共用的齿轮箱中。每根矫直辊都由各自的电动机提供所要求的矫直力矩。所有的独立传动装置都按照力矩-转速控制回路进行工作。这些独立控制回路集中在一个负载补偿控制装置中，它不仅控制钢板在入矫直机时的力矩过载峰值，而且保证矫直过程中负载分布均匀。独立传动装置避免了机体传动常见的缺点。另外，由于装配件少，还具有备件库存少和投资省的优点。单独传动的另一个优点是矫直机能用不同直径的矫直辊进行操作，大大减少了矫直辊的磨辊时间和费用，提高了经济效益。

第三组　　　　　　　　　第二组　　　　　　　第一组　　　矫直方向

图 7-18　热矫直机传动齿轮箱分组示意图

7.3.2.6　矫直辊换辊系统

矫直机工作一定时间后工作辊和支撑辊表面由于钢板的作用将会产生磨损等缺陷，如果继续参与矫直将会造成钢板的表面缺陷，此时就需要将在线的矫直辊系从矫直机中拉出更换新的矫直辊系。矫直辊采用集体更换的形式进行换辊，即一次将上矫直辊系和下矫直辊系同时更换。换辊装置由换辊架、传动轴锁紧机构和传动装置组成。换辊架位于矫直机的操作侧，主体为钢结构件，矫直辊换辊轨道固定在主体钢结构件上。换辊传动有液压缸和电动机两种形式。液压缸传动的换辊系统如图 7-19 所示。传动轴锁紧机构（见图 7-20）位于矫直机传动侧，固定安装在矫直机机架上，由液压缸和电机传动，用于换辊时将传动轴锁紧在一个固定的位置，便于辊系推入矫直机时传动轴端的花键套与矫直辊花键头的对中。换辊时，第一将换辊垫板放置在上下矫直辊轴承座之间，保证不同直径的上下矫直辊的中心距固定不变；第二，利用压下液压缸将上辊盒放在下辊盒上并松开锁紧机构使上辊盒与矫直机框架分离；第三，手动调节传动轴锁紧机构，将矫直机传动轴定位；第四，断开所有的管线；第五，将上下矫直辊系从矫直机中拉出。将新矫直辊系推入矫直机的过程同上相反进行即可。

图 7-19　液压缸传动的换辊系统　　　　　　图 7-20　传动轴锁紧机构
1—换辊架；2—换辊轨道；3—换辊液压缸

7.4 矫直机操作

7.4.1 交接班检查

交接班检查主要有以下几点：
（1）矫直机运转前，润滑系统运转正常，无泄漏；
（2）矫直机内外冷却水量充足；
（3）检查矫直机前后辊道、护板，如发现有凹凸不平不光滑的地方及铁皮杂物应立即采取措施，予以清除；
（4）指针盘指示数字与实际应一致；
（5）设备运转状态和转速正常，无异常杂音；
（6）矫直机前后辊道工作是否正常。

微课：矫直机的传动系统和换辊装置

7.4.2 压下零位调整

在钢板进入矫直机之前，首先要进行压下零位调整，即把各矫直辊调到恰好与板面接触且对板面无压力的位置。使辊缝间距与轧制钢板的名义厚度尺寸相等。

课件：矫直机的传动系统和换辊装置

7.4.3 矫直机操作要点

矫直机操作要点主要有以下几项：
（1）启动润滑系统，润滑系统信号灯亮时方可启动主机。
（2）矫直机工作辊辊身必须有足够的冷却水，防止受热变形或产生裂纹。
（3）矫直机应根据钢板厚度规格及时调整辊缝，严防矫错规格，造成事故。
（4）严禁带负荷调整压下。
（5）刮框和气焊切割的钢板不得进行矫直。
（6）不允许双张钢板或搭头钢板进入矫直机。
（7）使用其中一台矫直机时，如不能拉出停用的一台，应将上辊抬起，使辊缝间距大于钢板的最大厚度与一定的余量之和，过钢时，开动主机空过。
（8）钢板不得歪斜进入矫直机。
（9）钢板进矫直机前，如有表面异物必须清除。
（10）在逆转时，必须将控制器搬到零位稍停后，再倒车。钢板在矫直时，辊道不得反转，避免纵向划伤。
（11）正确调整导向辊，防止钢板翘头或扣头，影响下道工序正常操作。
（12）矫直机卡钢时，立即关闭外冷水，并抬起压下。矫直6~8mm钢板时，可根据钢温，波浪情况关闭外冷却水。
（13）禁止操作工单独下去处理设备事故。
（14）不允许在矫直机前后输送辊道上停放钢板。
（15）矫直机操作时，最大开口度不得超过限度，以防冒顶。
（16）矫直机一般矫3~5次，压下量、矫直道次的选定应参考钢板瓢曲程度、厚度、温度、钢种和允许压下量，灵活调整压下量和矫直道次。

（17）矫直钢板时，压下量一定要给合适，防止轧件在矫直机内打滑，造成工作辊辊面黏附物引起钢板压痕。

（18）矫直机前后护板位置是否正常，发现翘起，固定不牢等情况立即通知调度处理。

（19）停车时，应将控制器放在零位，并切断电源将电锁钥匙拔下。

（20）冬季停车时，应将矫直机辊身冷却水管存水放净，防止水管冻裂。

7.4.4　矫直机压下量参考

根据轧制的钢质及轧后的板形、温度、钢板厚度和矫直机类型确定矫直机压下量。对板面浪形较严重，温度较低、厚度较薄的，应采用较大压下量。一般规定矫直中厚板的压下量范围是 1~4mm。表 7-2 为不同辊数的矫直机矫直厚度和压下量的关系。对表中的压下量在使用时，如果没有将钢板矫直压平时，可适当增加 1~2mm 的压下量。

表 7-2　几种热矫直机常用压下量与钢板厚度的关系　　　　　　（mm）

板厚	压下量			板厚	压下量		
	七辊	九辊	十一辊		七辊	九辊	十一辊
6~8		4~7	2	20~25	6~7		
8~12	8~9	4~5	1~2	25~30	4~5		
12~16		3~4	0~1	30~40	3~4		
16~20		2~3		40~50	2~3		

7.4.5　异常现象的判断和处理

7.4.5.1　压下量过大

由于辊式矫直机工作辊布置形式不同，使压下量过大所产生的现象及其观察、判断和处理方法也不同，图 7-21 为两种类型的辊式矫直机简图。

(a)　　　　　　　　　　　(b)

图 7-21　两种类型的辊式矫直机简图
（a）每个上辊可单独调整；（b）入口、出口导向辊可单独调整

（1）采用图 7-21 中（a）种类型的矫直机矫直钢板。当钢板的端部产生向下弯曲现象时，说明矫直机的压下量过大。

（2）采用图 7-21 中（b）种类型的矫直机矫直钢板。当压下量过大时，会产生两种现象。

一种是钢板的端部向上翘；另一种是钢板的端部向下弯曲。产生第一种现象的

原因是矫直机的导向辊抬得过高；产生第二种现象的原因是导向辊过低。

对发生上述现象的处理方法是迅速抬起上工作辊，重新调整压下量直至钢板平直为止。

7.4.5.2　矫直辊两端间距不均

当钢板经矫直机反复矫直后，一侧出现波浪（不属于轧制时造成）的现象，这种说明矫直机两端间距不均。

对这种现象的处理方法是，将一块干直的钢板输入矫直机内，然后用塞尺测量两侧的辊缝间距，根据测量结果调整一侧辊缝间距，使两端一致。

7.4.5.3　矫直机辊压合

这种事故的现象是：矫直机工作辊和压下指针不转动，钢板夹在矫直机内不能移动。

事故发生原因：多数为钢板进入矫直机时调整压下量及多张钢板同时矫直，由于压下量过大所致。另一种原因是矫直温度低、强度大、瓢曲严重的钢板所致。

处理方法：用工具盘动压下电机对轮，使上矫直辊抬起，当稍用力对轮就能转动时，人员撤离，启动压下电机使上矫直辊继续抬高（若压下电机烧坏，需立即更换电机，切不可换完电机立即启动，以免再烧），至矫直辊与钢板之间有间距时，将钢板输出。然后检查设备是否正常，无异常时可继续生产。

7.5　矫直缺陷及防止

7.5.1　矫直浪形

主要特征：沿钢板长度方向，在整个宽度范围内呈现规则性起伏的小浪形。
产生原因：钢板矫直温度过高，矫直辊压下量调整不当等因素造成。
处理方法：返回重矫或改尺。
预防措施：严格控制矫直温度，正确调整矫直压下量。

7.5.2　矫直辊压印

主要特征：在钢板表面上有周期性"指甲状"压痕，其周期为矫直辊周长。
产生原因：由于矫直辊冷却不良，辊面温度过高，使矫直辊辊面软化，在喂冷钢板时，钢板端部将矫直辊辊面撞出"指甲状"伤痕，反印在钢板表面上。
处理方法：对辊面有伤痕的部位进行修磨，钢板压印用砂轮打磨可处理掉。
预防措施：不喂冷钢板，并保证辊身有足够的冷却水，加强辊面维护。

微课：矫直机
常见问题

7.6　某矫直机仿真实训系统操作（一）

课件：矫直机
常见问题

从登录系统界面登录，进入主界面后，可以看到矫直机主操作画面，如图7-22所示，画面实现钢板矫直的必要控制，包括出入口辊缝值设定和微调，以及辊道和矫直辊的动作。

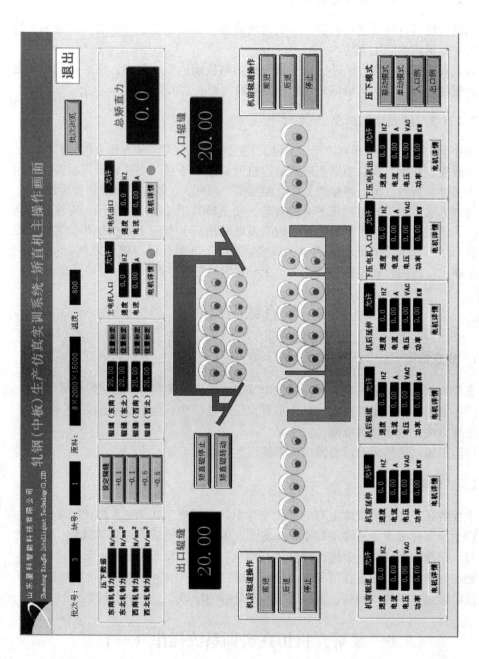

图7-22　矫正机主操作画面

操作流程说明如下：打开程序直接进入主画面，如果有需要矫直的钢板，则界面批次信息会显示钢板的批次号、块号、规格、温度信息。如果没有需要矫直的钢板则批次信息中规格为空。根据钢板的规格，调整入口侧和出口侧的辊缝值。辊缝值调整好后，点击机前辊道 前进 按钮，将钢板送到矫直机旁，然后点击按钮 矫直辊转动 ，使矫直辊转动，同时点击机后辊道 前进 按钮，完成本钢板的矫直。完成一块钢板的矫直后，辊道会恢复到停止状态。如果还有钢板需要矫直，则可以继续矫直。

7.7 某矫直机仿真实训系统操作（二）

矫直操作台示意图如图 7-23 所示。

图 7-23 矫直操作台

自动矫直操作流程如下：

（1）完成规程数据计算与下达，即设置钢种数据，包括板坯号、钢种、来料宽度、来料厚度、成品厚度及成品宽度；

（2）点击 一键准备 ，矫直准备条件就绪；

（3）点击 要钢 、 启动 后，自动完成对钢板的矫直操作。

手动矫直操作流程如下：

（1）完成规程数据计算与下达，即设置钢种数据，包括板坯号、钢种、来料宽度、来料厚度、成品厚度及成品宽度；

（2）依次点击 调用工艺参数 、 下达工艺参数 ；

（3）开启 液压站 、 油气润滑站 、 主传动润滑站 ；

（4）设置 机前辊道 、 1号主传动电机 、 2号主传动电机 、 机后辊道 为使能和联动模式， 工作辊冷却 打开， 吹扫 打开；

（5） 控制模式 设置为手动，点击 要钢 ， 辊道控制 选为前进，开始对钢板进行矫直操作。

8 轧件剪切

中厚板剪切机是重型装备，是保证进入成品库质量是否合格的最重要在线设备，属于冶金行业大型、高精尖装备。中冶京诚工程技术有限公司郝建伟高级工程师带领其团队致力于研究剪切机分析与事故处理方法，自主设计了营钢 5m 级滚切式切头剪和定尺剪为世界最大级别滚切剪成功投产，可实现在 3s 多时间内对最厚 50mm、宽 5m 的钢板进行高精度、高质量剪切。

8.1 中厚板剪切机的基本类型和特点

剪切机是用于将钢板剪切成规定尺寸的设备。按照刀片形状和配置方式及钢板情况，在中厚板生产中常用的剪切机有斜刀片式剪切机（通称铡刀剪）、圆盘式剪切机、滚切式剪切机三种基本类型。三种剪切机刀片配置如图 8-1 所示。

图 8-1 剪切机刀片配置图

（a）斜刃剪；（b）圆盘剪；（c）滚切剪

对上述三种类型剪切机的特点分述如下。

8.1.1 斜刀片剪切机

斜刀片剪切机的两个剪刃按某一角度配置，即其中一个剪刃相对于另一个剪刃是倾斜配置的。在生产中多数上刀片是倾斜的，其倾斜角度一般为 1°~6°，如图 8-1（a）所示。其特点如下。

（1）适应性强。对钢板温度适应性强，既适用于热状态也适用于冷状态钢板的剪切；对钢板厚度适应性强，40mm 以下的钢板均能剪切。

（2）剪切力比平行刃相对减小，能耗低。

（3）斜刀片剪切机的缺点：一是剪切时斜刃与钢板之间有相对滑动，倾斜角的大小对剪切质量也有影响；二是由于间断剪切，空程时间长，剪切速度慢，产量低。

8.1.2 圆盘式剪切机

圆盘式剪切机的两个刀片均是圆盘状的，如图 8-1（b）所示。这种剪切机常用来剪切钢板的侧边，也可用于钢板纵向部分成窄条。圆盘剪一般均要配有碎边机构。其特点如下：

（1）一般剪切厚度限于 25mm 以内；

（2）可连续纵向滚动剪切，速度快、产量高、质量好，对带钢的纵边剪切更能显示出它的优越性；

（3）对于小批量生产，规格品种多，钢板宽度变换频繁，则需要频繁调整其两侧边剪刃间的距离。

8.1.3 滚切式剪切机

滚切式剪切机是在斜刃铡刀剪的基础上，将上剪刃做成圆弧形，如图 8-1（c）所示。上剪床在两根曲轴带动下，使上剪刃由一端开始向另一端逐渐接触，呈弧形的上刀刃相对于平直的下刀刃作滚动，如图 8-2 所示。由于剪切运动是滚动形式的，与上刀刃倾斜的剪切形式相比剪切质量大为提高。其边部整齐，加工硬化现象也不严重，降低了剪切阻力，刀刃重叠量很小（超出下刀刃 1~5mm），在整个刀刃宽度上重叠量是不变的，因此避免了钢板和废边的上弯现象。现在普遍用于厚板的切边、切头尾和切定尺。

图 8-2　滚切式剪切机剪切过程示意图

1—起始位置；2—剪切开始；3—左端相切；4—中部相切；5—右端相切

微课：剪切机
的类型

课件：剪切机
的类型

8.2　轧件剪切过程分析

轧件的整个剪切过程粗略可分为两个阶段，即刀片压入金属与金属滑移。压入阶段作用在轧件上的力，如图 8-3 所示。

当刀片压入金属时，上下刀片对轧件的作用力 P 组成力矩 P_a，此力矩使轧件沿

图示方向转动，而上下刀片侧面对轧件的作用
力 T 组成的力矩 T_c 将力图阻止轧件的转动，随
着刀片的逐渐压入，轧件转动角度不断增大，
当转过一个角度 γ 后便停止转动，此时两个力
矩平衡。

图 8-3　平行刀片剪切机
剪切时作用在轧件上的力

　　轧件停止转动后，刀片压入达到一定深度
时，力 P 克服了剪切面上金属的剪切阻力，此
时，剪切过程由压入阶段过渡到滑移阶段，金
属沿剪切面开始滑移，直到剪断为止。

　　压入深度越大，γ 就越大，侧向推力 T 越
大，为了提高剪切质量，减小 γ 角，一般在剪
切机上均装设有压板装置，把轧件压在下刀台上，图 8-3 中的力 Q，即表示压板给
轧件的力。有关文献给出了 γ 和侧向推力 T 的经验数据。

　　无压板剪切时　　　　　　　　　　$\gamma = 10° \sim 20°$，$T \approx (0.18 \sim 0.35)P$
　　有压板剪切时　　　　　　　　　　$\gamma = 5° \sim 10°$，$T \approx (0.1 \sim 0.18)P$

　　从上面列出的数值看出，增加压板后不仅提高了剪切质量，使剪切断面平直，
而且大大减小了侧向推力 T，从而减小了滑板的磨损，减轻了设备的维修工作量，
提高了设备的作业率。

　　近年来对平行刀片剪切机的研究表明，剪切过程可更详细地分为刀片弹性压入
金属、刀片塑性压入金属、金属滑移、金属裂纹萌生和扩展、金属裂纹失稳扩展和
断裂。

　　热剪时，刀片弹性压入金属阶段可以忽略。在刀片塑性压入金属阶段，刀片和
轧件接触面处产生宽展现象，常给继续剪切带来困难或缺陷，金属滑移阶段开始后，
宽展现象才停止。由于热剪时金属滑移阶段较长，轧件断裂时的相对切入深度就
较大。

　　冷剪时，刀片弹性压入金属阶段不可忽略，而且由于材料加工硬化，金属裂纹
萌生较早，在刀片塑性压入金属阶段甚至在刀片弹性压入金属阶段就已产生裂纹，
故金属滑移阶段较短，断裂时的相对切入深度就较小。

8.3　剪切机重合量、侧向间隙的确定

8.3.1　合理间隙值的确定

　　所谓合理间隙，就是指采用这一间隙进行剪切时，能够得到令人满意的剪切件
的断面质量，较高的尺寸精度和较小的剪切力，并使剪刃有较长的使用寿命。然而，
从间隙对剪切的影响规律可以看出，如果采用一个间隙同时满足上述各项要求是不
可能的。因此，在生产上根据剪切的具体要求，区分主次，在满足主要因素的前提
下，兼顾次要因素，选择一个适当的间隙范围作为合理间隙，其上限为最大合理间
隙，其下限为最小间隙。合理间隙是一个范围值，在具体剪切时，根据生产中的具

体要求可按下列原则进行选取:

(1) 当剪切件尺寸精度要求不高,或对断面质量无特殊要求时,为了提高剪刃使用寿命和减小剪切力,从而获得较大的经济效益,一般采用较大的间隙值;

(2) 当剪切件尺寸精度要求较高,或对断面质量有较高要求时,应选择较小的间隙值。

确定合理间隙的方法通常有理论分析法、经验确定法及查表法。

8.3.1.1 理论分析法

理论分析法的主要依据是使轧件在上下剪刃处产生的裂纹重合成一条直线,恰好获得良好的断面。图8-4所示的状态即为在剪切过程中裂纹正好重合,轧件断裂瞬间的状态。从图中几何关系可计算出合理间隙值为

$$\Delta = (h - z)\tan\beta = h(1 - z/h)\tan\beta$$

式中　Δ——剪刃间隙,mm;

　　h——轧件厚度,mm;

　　z——裂纹重合时剪刃压入轧件的深度,mm;

　　z/h——裂纹重合时相对压入深度;

图 8-4　理论间隙计算图

　　β——裂纹与垂线间夹角,(°)。

由公式可以看出,合理间隙值主要与 h、$h-z$、$\tan\beta$ 三个因素有关,由于 β 角数值不大,所以间隙值主要取决于前两个因素的影响。

材料厚度 h 增大,间隙数值也呈正比例增大,反之则相反。

相对压入厚度 z/h 与材料性能有关,塑性好的材料 z 值较大,故间隙可较小。塑性差的硬、脆材料 z 值小,间隙应较大。z/h 与 β 数值见表8-1~表8-3,或者按以下公式计算

$$z/h = (1.2 \sim 1.6)\delta_5$$

式中　δ_5——钢板的伸长率。

由于理论计算方法在生产中使用不方便,故目前广泛使用的是经验公式与图表。

表 8-1　z/h 与 β 取值

轧　件	z/h		$\beta/(°)$	
	退火	硬化	退火	硬化
软钢	0.5	0.35	6	5
中硬钢	0.3	0.2	5	4
硬钢	0.2	0.1	4	4

表 8-2　热剪各种钢的 z/h 值

钢　种	温度/℃	z/h	钢　种	温度/℃	z/h
20	650	0.65	轴承钢	670	0.45
	760	0.72		780	0.65
	970	1.0		1090	1.0

钢　种	温度/℃	z/h	钢　种	温度/℃	z/h
	660	0.55		700	0.5
钢丝绳钢	760	0.65	弹簧钢	860	0.8
	980	1.0		1020	1.0

表 8-3　冷剪各种钢的 z/h 值

钢　种	z/h	钢　种	z/h	钢　种	z/h
15	0.41	弹簧钢	0.16	轴承钢	0.33
20	0.35	钢丝绳钢	0.23	不锈钢	0.40

8.3.1.2　经验确定法

当 $h<3mm$，对软钢，纯铁，$\Delta=(3\%\sim5\%)h$；对硬钢，$\Delta=(4\%\sim6\%)h$。

当 $h>3mm$，对软钢，纯铁，$\Delta=(7\%\sim10\%)h$；对硬钢，$\Delta=(8\%\sim13\%)h$。

8.3.1.3　查表法

查表法是工厂生产时普遍采用的方法之一，表 8-4 是一个经验数据表。

表 8-4　剪刃间隙分类及间隙值 $\Delta(h\%)$

轧　件	分　类		
	I	II	III
低碳钢 08F、10F、Q235、10、20	$(3\%\sim7\%)h$	$(7\%\sim10\%)h$	$(10\%\sim13\%)h$
中碳钢 45、1Cr18Ni9Ti、4Cr13	$(3.5\%\sim8\%)h$	$(8\%\sim11\%)h$	$(11\%\sim15\%)h$
高碳钢 T8A、T10A、65Mn	$(8\%\sim12\%)h$	$(12\%\sim15\%)h$	$(15\%\sim18\%)h$
硅钢 D41	$(2.5\%\sim5\%)h$	$(5\%\sim9\%)h$	

表 8-4 中 I 类适用于断面质量要求较高的，但使用此间隙时，剪切力较大，剪刃寿命较低。II 类适用于一般断面质量的，III 类适用于断面质量要求不高的，但剪刃寿命较高。

由于各类间隙值之间没有绝对的界限，所以还必须根据实际情况酌情增减间隙值。

8.3.2　重合量的确定

以圆盘剪为例，刀片重合量 S 一般根据被剪切钢板厚度来选取。图 8-5 为某厂采用的刀片重合量 S 与钢板厚度 h 的关系曲线。由图可见，随着钢板厚度的增加，重合量 S 越小。当被剪切钢板厚度大于 5mm 时，重合量 S 为负值，一般 S 可按下式计算

$$S=-(h-5)\times(40\%\sim50\%)$$

图 8-5　圆盘刀片重合量 S 和侧向间隙 Δ 与被切钢板厚度 h 的关系曲线

8.4　剪切作业评价

8.4.1　剪切断面的各部分名称

剪切断面的各部分名称如图 8-6 所示。各部分的说明如下。

图 8-6　剪切断面示意图

a—塌肩；b—剪断面；c—破断面；d—毛刺；h—板材厚度

（1）塌肩。在刀刃压入时，在刃口附近区域被压缩而产生塑性变形部分，称为塌肩。这样，金属材料的边缘部分由原来的平面状态变成塌肩状。这个塌陷的程度当然越小越好。除了特别硬的材料外，在剪切过程中，多少总要出现一些。若希望减小塌肩部分，在不考虑刀刃质量的情况下，将间隙调整小些就行了。

（2）剪断面部分。剪断面是一边受到刀刃侧面的强压切入，一边进行相对滑动的部分。这部分特点是断面十分整齐光亮，故也称为光亮面。当然，光亮面要多些，切口状态就显得美观，但所消耗的能量也大。而剪断面的量的大小和刀刃间隙的大小成反比例关系。也就是，间隙变大，光亮的剪断面变小；反之则光亮面变大。

（3）破断面部分。破断面是产生裂纹而断开的部分，剪断面与破断面的量成反比例，剪断面增大了，则破断面减少。

（4）毛刺。由于金属材料具有一定的塑性，在剪切断面上沿刀刃作用力的方向，带出部分金属，填充于两刀刃的间隙之中，这些完全异于原体形态的部分，称为毛刺。因为刀刃之间总是有间隙的，故产生微小的毛刺是避免不了的。间隙越大，毛刺也越大。刀刃变钝，毛刺也随之增加。当间隙达到一定值后，毛刺使断面的直角度达不到要求，也会成为产品所不能允许的缺陷。

8.4.2 剪切评价

人们通常说的剪刀调整，就是指水平间隙和重合量的设定值的改变。对于剪切作业来说，这方面调整是整个剪切作业的关键，它决定剪切断面是否良好及剪切用力是否最小。

这里必须说明一点的是，不仅对于不同设备就是同一制造厂生产的相同剪切设备，各个剪切设备设定值都不会一样，要从实际生产中总结出来。方法是：在特定的条件下，通过适当调整得到最佳剪切断面，这时的剪刀间隙调整值是最佳的，可作为以后实际生产中初步设定时采用的可靠参考值。我们可通过观察剪切断面的质量来判断剪刀间隙调整是否合适。

（1）剪刀间隙调整是合适的。如图 8-7（a）所示，裂纹正好对上，塌肩和毛刺都很小，剪断面占整个断面的 15%~35%（具体数值与轧件塑性有关），其余为暗灰色的破断面，很明显地表示出正确的剪切状态。这时，应及时记下各项调整后的数值。

图 8-7　间隙与断面的关系
（a）间隙合适；（b）间隙偏大；（c）间隙偏小

微课：剪切评价

课件：剪切评价

（2）剪刀间隙调整偏大时。如图 8-7（b）所示，裂纹无法合上，钢板中心部分被强行拉断，剪切面十分粗糙，毛刺和塌肩都十分严重。

（3）剪刀间隙调整偏小时。如图 8-7（c）所示，裂纹的走向略有差异，使部分断面再次受剪刀侧面的强压入，即进行了二次剪断。因此，当破断面上出现碎块状的二次剪断面时，就可以认为间隙偏小了。这种情况下，应把间隙朝大的方向调整一下，使二次剪断面消失。剪切前剪刀间隙的调整，是一项很细致的工作，要在实际工作中不断总结经验。当经过反复调整，剪刀间隙达到最小限度，还不能得到满意的剪切断面时，就应该考虑更换剪刀，否则，无法保证产品质量和设备安全。

8.5 火 焰 切 割

由于用剪切机来剪切厚度超过 50mm 的钢板是不经济的，因此超过 50mm 的钢板都用火焰切割器来剪切和定尺。

火焰切割，也称为氧气切割。中厚板厂的火焰切割机主要有移动式自动火焰切割机和固定式自动火焰切割机，其基本装置是氧气切割器，以及安装切割器的电动小车。在国外，已使用等离子切割新技术切割中厚板，其优点是切割速度快、切割引起的变形小、质量好。

影响火焰切割的因素有割嘴大小及形状、使用气体种类、纯度及压力、切割钢板材质与厚度及表面状况、切割速度、预热焰的强度、切割钢板的温度、割嘴与钢板间的距离和割嘴的角度等。

切割工艺大体如下：

（1）应根据切割钢板的厚度安装适当孔径的割嘴；

（2）将氧气和燃气压力调至规定值；

（3）然后用切割点火器点燃预热焰，接着慢慢打开预热氧气阀，调节火焰白心长度，使火焰成中性焰，预热起割点；

（4）在切割起点上只用预热焰加热，割嘴垂直于钢板表面，火焰白心尖端距钢板表面 1.5~2.5mm；

（5）当起点达到燃烧温度（暗红色）时，打开切割氧气阀，瞬间就可进行切割；

（6）在确认已割至钢板的下表面后，就沿着切割线以适当速度移动割嘴而进行切割；

（7）切割终了时，先关闭切割氧气阀，再关闭预热焰的氧气阀，最后关闭燃气阀。

8.6 剪 切 划 线

为了将毛边钢板剪切或切割成合格的最大矩形，在剪切之前，应在钢板上先划好线，然后再按线剪切。这样做对提高产品质量和成材率都是十分必要的。

划线时应注意以下几点：

（1）对有缺陷的部位、厚度不合格部位，要尽量让开，不得划入成品尺寸范围；

（2）正常情况下，两侧边的划线宽度应基本一致；

（3）要考虑温度的收缩量；

（4）划线应依钢板形状而调整，力求获得最高成材率。

划线有人工划线、小车划线和光标投射等多种方法。小车划线是利用架设在辊道上的有轨小车，在已摆正的钢板上，根据板形和钢板的宽度，用简易机械手划出纵横粉线。光标投射是利用光标投射装置（如激光发生器）将光线投射到钢板上

"划出"两道"线",再利用对线机移动钢板使其对线。

对于磁性钢板,用固定在对线机上的电磁铁进行对线,有钢板上表面吸附型和下表面吸附型两种,依靠丝杠、螺母、链条驱动等来进行移动。对于非磁性钢板,用拨爪或虎口推床,使钢板在辊道上横向移动。

8.7　某圆盘剪剪切线操作

某圆盘剪剪切线采用热剪+圆盘剪+定尺剪的组合。热剪为上滚切式,最大剪切力35t,用于将钢板头部不规则部分切掉,以防顶撞其他设备;当钢板板形不好时,为便于圆盘剪剪切出合乎规定的宽度尺寸,按长度定尺要求将钢板断开。圆盘剪刀片直径746~800mm,最厚可剪25mm的低碳钢板。定尺剪亦为上滚切式,最大剪切力290t,最厚可剪28mm的低碳钢板。

8.7.1　热剪操作

8.7.1.1　开车前检查项目

开车前检查项目主要有:
(1) 设备运转情况是否良好;
(2) 板头是否卡链板机;
(3) 剪床起落是否适当,剪刀间隙是否适当,剪刀螺丝是否松动;
(4) 各部位润滑情况是否良好,是否漏油;
(5) 各联锁装置是否安全可靠,极限调整是否合适,主电机抱闸工作是否灵活可靠,剪子上下和前后辊道上是否有检修人员,确认无问题方可开车。

8.7.1.2　操作步骤

操作步骤如下:
(1) 检查完开车前,先启动链板机、液压泵、润滑泵;
(2) 剪刀表面应保持清洁无杂物,剪切时要防止工具等杂物进入剪刀内;
(3) 严禁用钢板撞压紧装置和上剪床,严禁一次剪切两张以上钢板,钢板停稳方可剪切;
(4) 剪切过程中,不准开动剪前辊道;
(5) 发生故障时,必须立即停车,与有关人员联系处理,不得擅自动电气和机械设备;
(6) 剪切时,只能将头部不规整部分切掉,板形不好时,按定尺要求断开;
(7) 发现剪刀磨损严重或出现崩裂时,应立即把剪刀更换或翻面。

8.7.1.3　换剪刀操作要点

换上剪刀时,卸下剪床上的紧固螺丝,剪刀和刀具组落在专用换剪刀的钢板上,然后移出钢板,更换下剪刀时,先把螺丝卸下,用液压缸将下剪刀顶起,然后落在专用换剪刃的钢板上，移出钢板。换剪刃时，要注意做到：

（1）新换剪刃是否符合图纸要求；

（2）垫片要平直，垫片长度必须和剪刃长度一致；

（3）剪刃要擦干净，并且要涂油；

（4）换完剪刃试车前，上剪床只准手动盘车，慢速下降，防止损坏设备；

（5）剪刃间隙调好后，方可剪切钢板；

（6）开车前，应消除剪床上面的全部工具及杂物。

8.7.2 圆盘剪、碎边剪操作

8.7.2.1 技术条件摘要与要求

技术条件摘要与要求如下。

（1）钢板宽度允许偏差应符合 GB/T 709 规定或其他专用钢板标准规定，GB/T 709—2006 对宽度偏差的规定见表 8-5。

表 8-5 宽度偏差的规定 （mm）

公称厚度	钢板宽度	宽度允许偏差
3~16	≤1500	+10 0
	>1500	+15 0
>16	≤2000	+20 0
	>1500~3000	+25 0
	>3000	+30 0

（2）剪切后钢板侧面必须平直，不得弯曲，剪切断面不得有锯齿形撕裂掉肉等剪切缺陷。否则应立即调整剪刃间隙。剪刃间隙调小时，允许出现轻微贴肉现象。

（3）钢板剪切后应成直角，切斜和镰刀弯不得使钢板长度和宽度小于公称尺寸，并必须保证订货公称尺寸的最小矩形。

（4）剪切钢板温度：低合金小于150℃，普碳板应小于300℃，禁止蓝脆剪切。

8.7.2.2 检查与调整

检查与调整操作如下。

（1）接班后应检查圆盘剪、碎边剪的干油泵、稀油泵，全部信号正常时方可开车。

（2）检查压送小车、链板机、皮带机、横移装置是否正常，夹持箱、导板、溜槽各盖板是否良好。

（3）检查调整圆盘剪、碎边剪、剖分剪剪刃间隙。

（4）当发现剪出的钢板出现镰刀弯时，应及时调整剪后两侧的导向立辊，使外公切线与剪切线平行，两条外公切线之间宽度比剪切后钢板宽度大 1~2mm。

（5）新换的两对圆盘剪剪刃的直径大小要一致，碎边剪剪刃的线速度应比圆盘剪剪刃的线速度大 5%~8%，以防止出现卡钢事故。

（6）发现剪刃崩裂、磨钝影响钢板剪切质量时，应立即将剪刃翻面或更换，若剪刃上有黏接物时应清除。正常情况下，每剪切钢板 3000t 左右更换一次剪刃或随换辊周期更换剪刃。

8.7.2.3　操作要求

操作要求如下。

（1）宽度为 10mm 倍数的任何尺寸，按生产计划剪切钢板宽度，若发现钢板与计划要求不符合或板形不好，钢板宽或窄时，及时通知轧机和调度。

（2）根据钢板的实际厚度调整圆盘剪、碎边剪剪刃间隙，必须保证两侧间隙大小相等。

（3）当需要调整钢板剪切宽度时，在开动移动机架前先将圆盘剪，碎边剪锁紧打开。

（4）根据钢板厚度，选择圆盘剪剪切速度。

（5）根据圆盘剪的剪切速度，调整碎边剪的速度，且保证两侧碎边剪速度相同。

（6）剪切时要把肉眼可见的边部各种缺陷剪净，一次剪不净时，必须回剪，直至剪净为止。在退回钢板时，将机身打开至适当位置，以使钢板顺利退回，局部侧边未剪净，可先在定尺剪断开，未净部分退回圆盘剪回剪。

（7）侧边的剪切量以 55~65mm 为宜，最大不得超过 100mm，在保证缺陷剪净的情况下，在标准范围和生产计划要求的范围内尽量少切。

（8）当发现剪前挡板磨损严重或挡板厚度不合适时，应及时更换。

（9）认真对线，摆正钢板位置，原则上保证两侧所剪的板边宽度基本相等。向圆盘剪输送钢板时，压送小车的压头必须压住钢板尾部，以防钢板左右窜动，快到小车极限时，及时抬起，防止小车压头与钢板发生滑动摩擦影响钢板剪切质量。

（10）移动机身时，必须保证圆盘剪和碎边剪同步移动。

（11）一张钢板未剪完毕，不许无故停车，不许倒车。

（12）当钢板卡住时，应立即停车，用火焰枪切割处理，切割时应注意不要烧损剪刃和其他零件。

（13）严禁上下剪刃咬刃。

（14）接班后，用盒尺检查前三块钢板的宽度尺寸，校正标尺。钢板的宽度尺寸变化时，用盒尺检查钢板剪切尺寸。

（15）当运送不切边钢板时，应打开圆盘剪和碎边剪机身，严防钢板擦伤剪刃。

（16）一张钢板在剪切过程中，禁止使用剪前横移装置横移钢板。

（17）禁止在操作过程中移动上机身。

（18）毛边板镰刀弯大时，先到定尺剪断开，再返回圆盘剪剪边。

8.7.2.4　换圆盘剪剪刃操作要点

准备工作要点如下：
(1) 首先将符合图纸要求的剪刃放好备用；
(2) 将圆盘剪、碎边剪的移动端机身同步移到最大行程停止；
(3) 将圆盘剪的剪刃间隙调大；
(4) 停止供电。

拆剪刃操作要点如下：
(1) 用电动扳手将六条紧固螺丝松开；
(2) 右手旋转固定盘，使拆装小孔对准紧固螺丝；
(3) 取出固定盘，放好备用；
(4) 将三条顶丝旋入刀片的顶丝孔中，用电动扳手均匀旋入，使刀片松动，并脱离刀架，旋出三条顶丝，将一条螺丝旋入顶丝孔中，并用天车将刀片轻轻吊出；
(5) 指挥天车将刀片放置在剪刃架中待磨。

装剪刃操作要点如下：
(1) 用棉丝将刀架与刀片的配合部分擦拭干净；
(2) 将待装刀片擦拭干净后，在顶丝孔中旋入一条螺丝，用天车吊住，使刀片与刀片架的配合键对正装在刀架上，注意不得将配合键槽碰伤，此时在刀片上放置一专用垫板，用锤轻轻击打垫板，使刀片装入刀架，不得直接击打刀片和固定盘；
(3) 将固定盘左旋，使小孔对准紧固螺丝，并旋紧紧固螺丝；
(4) 紧固六条螺丝时，要对称均匀紧固，直至备紧到位；
(5) 新安装好的剪刃需紧靠机身，不得有空隙；
(6) 圆盘剪上刀轴轴向调整到位不能擅自调整。

8.7.2.5　换碎边剪剪刃操作要点

换碎边剪剪刃操作要点如下：
(1) 将磨好的成套剪刃及垫片放好备用；
(2) 将固定斜楔的螺丝松开；
(3) 取出剪刃及垫片，然后放在固定位置待磨；
(4) 将备好的成套剪刃及垫片装上，然后紧固斜楔的螺丝；
(5) 根据剪切厚度，调整碎边剪剪刃间隙，保证两侧间隙一致。

8.7.3　定尺剪操作

8.7.3.1　技术条件摘要与剪切要求

技术条件摘要与剪切要求如下。
(1) 钢板长度允许偏差应符合 GB/T 709 的规定或其他专用钢板的技术标准规定，GB/T 709—2006 对长度偏差的规定见表 8-6。

表 8-6　钢板长度允许偏差　　　　　　　　　（mm）

钢板长度	长度允许偏差
2000~4000	+20 0
>4000~6000	+30 0
>6000~8000	+40 0
>8000~10000	+50 0
>10000~15000	+75 0
>15000~20000	+1000 0
>20000	由供需双方协商

钢板在不同温度下的收缩量：

$$\Delta L = KL\Delta t$$

式中　K——膨胀系数，当 $t < 300℃$ 时，$K = 1.0 \times 10^{-5}$；

　　　Δt——钢板温度与室温差；

　　　L——钢板长度。

（2）切边钢板应剪切成直角，切斜和镰刀弯不得使钢板长度和宽度小于公称尺寸并须保证订货公称尺寸的最小矩形。

（3）长度为 50mm 倍数的任何尺寸，剪切前钢板应摆正，剪切钢板时，必须按照生产计划要求进行剪切，不得切斜切错。

（4）剪切后钢板断面必须平直，不得弯曲，不得有锯齿形凹凸，否则应立即调整剪刃间隙和夹紧盘螺丝。

（5）板头、板尾的剪切量以剪掉缺陷为准，在标准范围和在生产计划要求的范围内要尽量减少剪切量。

（6）剪切钢板温度：低合金应小于 150℃，普碳板应小于 300℃，避免蓝脆剪切。

（7）当发现剪刃崩裂，磨钝影响钢板剪切质量时，应立即将剪刃翻面或更换。正常情况下，每剪切钢板 10000t 左右更换一次剪刃或一周更换一次。

8.7.3.2　操作要求

操作要求如下：

（1）开车前，首先启动油泵，使各润滑点供油正常，检查压紧装置，拨爪液压系统工作是否正常；

（2）当电动机启动后，尚未达到正常转数时，不准进行剪切；

（3）剪切前，根据钢板厚度调整剪刃间隙；

（4）上剪床起落要适当，下剪床不得松动，剪刀紧固螺丝不得有松动；

（5）剪切前钢板应靠紧挡板，剪切过程中不准启动剪前辊道；

（6）必须用压紧装置压紧钢板后才允许剪切，在剪切时，严禁用钢板撞压紧装置和上剪床，禁止一次剪切两张及两张以上的钢板；

（7）压紧装置压紧后，根据钢板温度给定放尺量后，垂直钢板划线；

（8）做到先划线，后剪切，剪切时须将激光线与石笔线对齐；

（9）激光线应严格与下剪刀重合，如发生偏斜，应通知电修工段进行调整；

（10）激光划线如长时间（超过10min）不使用，应将旋钮置于"关"的位置，以防激光强度衰减；

（11）接班后要求测量前三张钢板的长度和对角线，使长度偏差符合 GB/T 709 或专用板标准要求；

（12）当靠尺滑板的最薄处小于厚度的 1/2，即 75mm 时，必须更换；

（13）对于厚度 $h>14$mm 的钢板，都需用压平机压头，压尾，使不平度符合有关标准要求。

8.7.3.3 换剪刃操作要点

换剪刃操作要点如下：

（1）首先要关闭电源，准备好剪刃及所用的全部工具，并设专人统一指挥；

（2）新剪刃必须符合图纸要求；

（3）（装）卸上剪刃时，必须先用撬杠垫好，再（装）卸中间螺丝，后（装）卸两边，卸下后配套放好；

（4）抽出下刀架及卸下剪刃后，必须用棉丝将剪刃、刀架及附件、剪床擦干净，卸下的螺丝配套放好；

（5）装配下剪刃时，下剪刃表面应低于下刀架表面 1~2mm，当剪刃高度不够时，在刀架的附件上加专用垫板调整高度，所加垫板要平直，垫板长度和剪刃长度要一致；

（6）紧固剪刃的螺栓要紧牢固，不得松动；

（7）下剪床与下刀架之间塞上适当的棉丝，防止氧化铁皮进入缝隙，保证能够顺利地调整下剪刃间隙；

（8）换完剪刃试车前，上剪床只准手动盘车慢速下降，用塞尺检查剪刃间隙大小要适当，且在长度方向上大小要一致；

（9）开车前，应清除剪床上全部工具及杂物。

2020 年 3 月某钢铁厂精整现场更换剪刃的过程中，发现下剪刃掉道无法更换，经过多次上下剪刀起落后还是无法归位，便通知调度室联系设备维修人员到现场处理故障，维修人员处理完成后，操作员将上剪刃降至换刀位时发现剪刃无法下至剪盒内，于是操作键将上剪刃抬起，抬起过程中维修工正在辊道上穿行，发生事故造成一人死亡。这次事故教育我们要加强安全生产管理，设备设施必须符合保障安全生产的要求，要加强对企业人员进行安全生产知识教育培训，做到遵守安全生产规章制度和个人防护，进行安全生产规范操作。

8.8　某左右纵剪布置的中厚板剪切线仿真实训系统操作

某左右纵剪布置的中厚板剪切线布置有两个横剪两个纵剪，分别完成剪头、剪两边、剪尾，其中第一个纵剪没有定尺，第二个纵剪有定尺。模拟实训系统采用两个虚拟界面，两个操作界面。每个虚拟界面由一个纵剪一个横剪组成。完成剪切一块钢板需要依次进行一纵剪、一横剪、二纵剪、二横剪。一纵剪界面和一横剪界面，二纵剪界面和二横剪界面可以相互切换。

8.8.1　1号纵剪操作画面操作

1号纵剪操作画面如图8-8所示，通过画面可以实现钢板剪一侧边的必要控制。

打开程序进入1号纵剪操作画面，如果有需要剪切的钢坯，则画面批次信息会显示钢坯的批次号、块号、规格、温度信息。点击输入辊道的控制按钮，将钢坯送到剪切机前方，点击 纵剪划线 进行划线，然后点击 近操作侧打整，将钢坯向剪刃方向推，使剪刃与划线对齐，依次点击剪前辊道的 前进、剪前辊道的 停止，剪边 按钮，重复执行将钢坯的一个侧边剪完。剪完后点击 推扳机，推出板边，再点击 主打整，使钢坯靠向辊道一侧，操作输出辊道将钢坯送到1号横剪进行横剪。点击 1号纵剪画面的 横剪 按钮，切换到1号横剪操作画面。

图8-8　1号纵剪操作画面

8.8.2 1号横剪操作画面操作

1号横剪操作画面如图8-9所示，通过画面可以实现钢板剪板头的必要控制。

图8-9 1号横剪操作画面

打开1号横剪操作画面，操作剪前辊道将钢坯运至剪前停止，点击 打整，再点击 横剪划线 按钮，进行划线；然后点击 剪头 按钮，将钢板板头剪掉，点击 推板头 按钮将板头推下，然后控制输出辊道将钢坯送走；然后可以点击 纵剪 切换到1号纵剪画面，如果还有要剪切的钢坯则会有相应的批次信息显示，可以进行下一块钢的一侧板边的剪切。

8.8.3 2号纵剪操作画面操作

2号纵剪操作画面如图8-10所示，通过画面可以实现钢板剪一侧边的必要控制。2号纵剪的操作与1号纵剪的操作基本相同，只是2号纵剪有定尺机，可以自动或者手动设定定尺机的宽度，然后进行剪边。

手动模式可以通过定尺机操作按钮来移动定尺机。

自动模式点击F1~F6上方的白色框，会弹出输入数据对话框，输入数据，点击确定可以将需要设定的宽度设定上。点击快捷键F1~F6会将快捷键对应的宽度预设值设定为设定值；点击UP（向上的箭头）设定值加50，点击Down（向下的箭头）设定值减50，点击Home设定值加5，点击End设定值减5。

图 8-10   2 号纵剪操作画面

8.8.4   2 号横剪操作画面操作

2 号横剪操作画面如图 8-11 所示，通过画面可以实现钢板剪板头的必要控制。2 号横剪的操作基本和 1 号横剪相同，2 号横剪使用定尺机。

图 8-11   2 号横剪操作画面

8.9　某中厚板剪切线仿真实训系统操作

8.9.1　切边

切边操作台的按钮如图 8-12 所示。

图 8-12　切边操作台

8.9.1.1　自动切边操作流程

（1）完成规程数据计算与下达，即设置钢种数据：板坯号，钢种，来料宽度，来料厚度，成品厚度，成品宽度。

（2）点击 一键准备 ，"生产准备"指示灯变绿。

（3） 模式选择 选为自动，依次点击 要钢 、 自动启动 后，自动完成对钢板的切边操作。

8.9.1.2　手动切边操作流程

（1）完成规程数据计算与下达，即设置钢种数据：板坯号，钢种，来料宽度，来料厚度，成品厚度，成品宽度。

（2）点击 调用工艺参数 ，联动速度为 0.5~2m/s；当成品厚度为 1~40mm 时，剪切步长为 1300mm；成品厚度大于 40mm 时，剪切步长为 1050mm；夹送辊压力 = 182+4.34×成品厚度，操作侧剪刃间隙 = 0.087+0.07826×成品厚度，传动侧剪刃间隙 = 0.087+0.07826×成品厚度。参数设置完成后，点击 下达工艺参数 。

（3）设置 液压站 和 稀油润滑站 。

（4）点击 设备操作台 ，设置 机前辊道 、 机后辊道 、 机前夹送辊 、 机后夹送辊 为使能和联动模式， 固定剪主电机 、 移动剪主电机 、 碎边装置 、 激光划线装置 设置为使能，点击 移动剪定位 后， 移动剪锁紧装置 选为锁紧。此时 生产准备 指示灯变绿；可点击 运行准备条件 查看未就绪的设备。

（5） 模式选择 设置为手动，依次点击 要钢 、 速度联动控制 ，钢板开始运动。

（6）当钢板进入机前夹送辊时， 机前夹送辊 压下。

（7）此时钢板进入切边剪，当长度接近剪切步长时， 速度联动控制 停止，点击 单次剪 进行切边；剪切步长−50<单次剪时进入剪切机的钢板长度<剪切步长，否则无法剪切。

（8）钢板到达机后夹送辊位停止时， 机后夹送辊 压下。

（9）逐次剪切，直到所有钢板剪切完成（带尾走出右边辊道时剪切完成），此时手动剪切完成。

8.9.2　定尺

定尺操作台的按钮如图 8-13 所示。

8.9.2.1　自动定尺操作流程

（1）完成规程数据计算与下达，即设置钢种数据：板坯号，钢种，来料宽度，来料厚度，成品厚度，成品宽度。

（2）点击 一键准备 ，"生产准备"指示灯变绿。

（3） 模式选择 选为自动，依次点击 要钢 、 自动启动 后，自动完成对钢板的定尺操作。

8.9.2.2　手动定尺操作流程

（1）完成规程数据计算与下达，即设置钢种数据：板坯号，钢种，来料宽度，

图 8-13 定尺操作台

来料厚度，成品厚度，成品宽度。

（2）点击 调用工艺参数，联动速度为 0.5~2m/s；剪刃间隙＝成品厚度×0.08。参数设置完成后，点击 下达工艺参数。

（3）设置 液压站 和 稀油润滑站。

（4）点击 设备操作台，设置 机前辊道、机后辊道 为使能和联动模式，测量辊、主电机 设置为使能。此时 生产准备 指示灯变绿；可点击 运行准备条件 查看未就绪的设备。

（5）控制模式 设置为手动，点击 要钢，联动控制 向前，钢板开始运动。

（6）带钢到达定尺剪前停止时，测量辊 压下，联动控制 向前。

（7）带钢头部超过定尺剪的长度达到切头/试样长度时，联动控制 停止，点击 单次剪，进行切头。

（8）切头完成后，联动控制 向前，此时观测进入定尺剪长度，进入定尺剪长度超过定尺长度后，联动控制 停止，点击 单次剪 进行定尺，完成后再次开启 联动控制 向前，逐次进行定尺，最后长度不足定尺长度时，直接通过定尺剪不剪切，则手动定尺完成。

9　中厚板精整其他操作

9.1　冷　却

中厚板生产中，轧后钢板的冷却是保证其最终质量的重要环节。钢板轧后冷却可分为控制冷却、自然冷却、强制冷却（强制风冷、水冷等）及缓慢冷却（堆垛冷却）等几种形式。

控制冷却是指对轧制后的钢板，根据其钢种、规格、化学成分及用户对交货性能的要求，采用不同的冷却方式、冷却速度、开冷和终冷温度，以便控制其组织结构和综合力学性能，满足最终的产品质量要求。

自然冷却一般是指轧后经热矫直的钢板在空气中冷却，大部分对组织和性能无特殊要求的中厚板大都采用这种冷却方式。

强制冷却则是指当中厚板车间由于受到各种条件的限制无法满足自然冷却工艺要求，可酌情采用强制冷却的措施。

缓慢冷却是指对某些高碳钢和高合金钢钢板，以及有脱氢要求的管线钢板、特厚钢板等，轧后通过缓慢冷却，以利于氢的扩散以及钢中内应力的释放。

9.1.1　控制冷却

20世纪80年代，国外先进厚板厂在控制轧制的基础上，逐步确立了钢板在线快速冷却（ACC, accelerated controlled cooling）或被称为控制冷却（CC, controlled cooling，简称控冷）的技术。随着产品性能要求的提高，逐步发展出了直接淬火工艺（DQ, direct quenching），用于生产抗拉强度在600MPa以上的钢板。目前，控制冷却通常被认为是由ACC和DQ两种冷却工艺组成的。

DQ进一步提高了冷却速率，使钢板在轧后急冷过程中产生相变，获得贝氏体加马氏体或马氏体组织，使其抗拉强度达到600MPa以上，因此对达到相同指标的钢板来说，可以降低碳含量，提高焊接性能，并降低生产成本。

在各种控冷装置中，喷水方式的选择是一个关键。国内外普遍采用比较多的是表9-1中的几种方式。有单一的喷水方式，有两种或多种相配合，以达到冷却的快速、均匀，满足不同工艺的要求。

表 9-1　控冷装置中 4 种喷水方式的比较

项目	水幕冷却	层流冷却	雾化冷却	喷射冷却
优点	水流为层流状态，冷却速度大，对水质要求不高，易维护，冷却率比层流高，冷却区短	冷却厚度范围广，按板厚使用不同喷嘴，冷却均匀，调节灵活	以气雾化，冷却均匀，冷却速度变化范围大，可单独风冷，弱水冷和强水冷结合	调节范围广，冷却率高于层流，结构简单，维护量小

项目	水幕冷却	层流冷却	雾化冷却	喷射冷却
缺点	冷却速度调节范围小，不易控制厚度与宽度方向均匀冷却，薄板用低水量时，水幕被破坏，故不适合要求冷却速率低的薄板	冷却速率较低，不适合DQ方式	需要风、水两套系统，噪声大，设抽气系统，冷速小	冷却速度低，为达到高的冷却速度，水量要求大
适用范围	适用DQ及厚板，不适用于薄规格	多用于ACC上喷嘴	适用于ACC	多用于下喷嘴、辊淬及轧机和热矫上喷嘴

9.1.2 自然冷却

凡是在空气冷却过程中不产生热应力裂纹，最终组织不是马氏体或半马氏体的钢种，如碳素结构钢、低合金高强度钢、大部分优质碳素结构钢和合金结构钢、奥氏体不锈钢等，都可以采用自然冷却方式。

自然冷却采用的工艺设备是冷床，冷床分为在线和离线两种布置方式。

一般情况下，轧制后的中厚钢板要进行热矫直，热矫直后钢板温度可达 500~800℃；对于不经矫直的钢板，其运至冷床处的温度可高达 1000℃ 左右。

要求冷床输出的钢板温度低于 150℃，以便将其运至下一道工序进行翻板检查、表面修磨、超声波探伤、划线及剪切等精整操作。钢板在冷床上的冷却、输送过程中应冷却均匀，钢板表面不被划伤。

对于轧制后的厚度超过 50mm 的特厚钢板，由于其单重较大，进入冷床时的温度高，一般设置专用冷床进行冷却。

在线冷床的结构形式主要有滚盘式和步进式。

滚盘式冷床冷却速度快，钢板间距可以调节，具有操作灵活、冷却效果较好、设备结构简单、造价低等优点，但这种机构工作的润滑条件差，结构复杂，维修费用高且工作量大，钢板表面与滚盘是线接触，容易产生滚动摩擦。目前很多中厚板厂的小面积冷床以及热处理区域冷床常采用滚盘式冷床。

步进式冷床由多组固定梁和步进梁以及铺设其中的格栅板组成，步进梁由机械或者液压传动使其上下升降、前后横移，以实现输送钢板的目的。步进式冷床由于具有以下的优点，已在我国许多新建和改造的中厚板车间内广泛采用：

（1）适用于高产、大型化生产线；

（2）钢板在运输中没有相对滑动，不会发生钢板下表面划伤；

（3）两侧无遮挡，下部净空高，空气对流性好，冷却效率比其他形式冷床高；

（4）格栅间距小，支撑面多且平整，冷却后钢板平直度好；

（5）格栅结构有利于钢板下表面的冷却及冷却均匀性；

（6）钢板在活动梁和固定梁的格栅上交替停留，必要时还可"原地踏步"，改善了钢板冷却的均匀性；

（7）活动梁还可向后运动，增加了冷床操作的灵活性；

(8) 步进式冷床可采用分组控制，提高了冷床的利用率；

(9) 设备运行平稳可靠，维护量小。

另外，在一些中厚板厂还采用离线冷床的方式，即所布置的冷床不在主生产线上，一般都是以固定台架的形式布置在车间某处，采用固定支架或滑轨组成一个承重台架，采用厂房吊车或专用吊车吊运钢板上下冷床。

9.1.3　强制冷却

当中厚板车间由于受到各种条件的限制，车间内所布置的冷床面积不足以满足冷却工艺要求，或对钢板的冷却速度有较高要求时，可酌情在冷床区域采用强制冷却措施。

根据强制冷却时钢板冷却速度的不同，强制冷却一般分为以下三种情况。

(1) 强制风冷。在冷床周围或者冷床下方的基础坑内布置若干鼓风机，利用鼓风机所产生的强大气流促进冷床周围空气的流动，加快冷床区域冷热空气的交换，从而将钢板辐射出的热量散发到车间其他区域或厂房屋顶外，实现钢板的冷却。

(2) 喷雾冷却。在冷床出口侧的较低温度区，采用特殊的喷头将冷却水以细雾状水滴的形式喷射到钢板上下表面。通过高温钢板表面细雾状水滴的瞬间蒸发，不会在钢板表面产生蒸汽膜，也不会出现停留在表面的水滴，从而从钢板表面带走大量热量，实现钢板在冷床区域内的快速冷却。

(3) 喷水冷却。通过在冷床上冷却钢板的表面喷水处理来实现钢板的冷却。该方法虽然冷却速率高，但控制不好易产生钢板的变形，不利于钢板后续工序的处理，所以一般中厚板厂较少使用。

9.1.4　缓慢冷却

对于像管线钢一类的中厚板产品，由于其往往应用在特定的工作环境中，因此对其抗氢致裂纹（HIC）或抗硫化物应力腐蚀（SSCC）能力都有着特定的要求。

在钢中，硫一般以呈"球形"的硫化锰的形式存在。在轧制过程中，分布在钢中的这些化学成分被轧制成"扁平"状。

大部分管线钢都应用在含有 H_2S 和酸性条件的环境中。这种应用环境易使钢板表面环境中的氢原子扩散进入金属内部网格结构之中。这些氢原子会与钢板中的硫化锰成分进行反应，进而形成氢分子。

氢分子比氢原子大 14000 多倍，因而能够在金属内部中的原子位置附近形成"钉扎"力，造成"扁平"状金属晶体结构中的应力增大。随着这种应力的增高，以及内应力的增大，晶体结构间产生裂纹。这种裂纹不断扩散，伴随着周围更多相似的裂纹加入，会逐渐产生更大裂纹的驱动力，最终就会导致整根管线灾难性地断裂。

另外，钢中的合金元素虽然能够提高钢的强度，但同样也增大了钢的硬度。这是因为在钢液的冷却过程中，杂质元素在最后凝固区形成很多隔离开的富集区。当受到内应力或者外应力时，这些隔离开的富集区在氢分子的作用下，就成为裂纹产生的"温床"。

某些塑性和导热性较差的钢种在冷却过程中可能会产生冷却裂纹或白点。裂纹形成的主要原因是钢中内应力的影响，冷却速度越快，内应力就越大，容易产生表面裂纹。白点的形成则主要是由于钢中氢的析出和聚集。因此，对于某些高碳钢和高合金钢钢板，以及有脱氢要求的管线钢板、特厚钢板，轧后必须进行缓慢冷却。

缓慢冷却制度要根据钢种、化学成分和冶炼、浇铸工艺条件等因素确定，相应采用堆垛冷却、缓冷坑或罩式炉内缓冷等方式进行。

堆垛冷却是将轧后的钢板在车间某处通过厂房起重机或特定的起重运输设备将其重叠放置在一起，然后在自然空气中保持一定的冷却时间后，再将其转运到下一道工序。

对于堆垛缓冷而言，若堆垛区域小，则缓冷时间短；反之，缓冷时间长，则堆垛面积要足够大。

堆垛缓冷的策略是要将钢板冷却到300℃以下和需要大的表面积让氢充分扩散之间寻求平衡点。若既没有足够的表面冷却面积，而冷却速率又很大，则无法保证300℃以下氢的扩散，得不到满意的抗氢致裂纹（HIC）的结果。

缓冷坑有加热和不加热两种形式，具备加热条件的缓冷坑适用范围更广，操作比较灵活，可以进行待温处理，主要用于缓冷速度过快且容易出现开裂的某些品种特厚钢板，需要时亦可做特厚板退火处理。

以国内某厚板厂特厚板缓冷坑为例，其坑体采用焊接钢结构，内衬耐火材料，并敷设护板，以避免吊装钢板时碰撞炉内衬造成损坏。为节省在车间的占地面积，炉盖分成高低两截。低层炉盖可以插入到高层炉盖中。盖体由型钢和钢板焊接而成。高盖的内表面和低盖的内外表面均敷设硅酸铝耐火纤维毯和岩棉板。高低层炉盖分别用两套电动机构牵引。炉坑两侧下部配有低压涡流烧嘴，用以供热。坑体内衬由耐火黏土砖和硅钙板制品组合而成。

微课：中厚板
的冷却

在罩式炉内缓冷，可改善钢板的冷弯和冲击韧性，防止钢中出现白点缺陷。

9.1.5 圆盘辊式（滚盘式）冷床操作要点

圆盘辊式（滚盘式）冷床操作要点如下：

（1）首先检查上下冷床传送装置，辊盘和辊道运转是否良好，防止有不转的链轮、辊子和辊盘划伤钢板下表面；

课件：中厚板
的冷却

（2）运送钢板必须要严格执行"按炉送钢制度"，不得混号；

（3）钢板运送时，不得重叠或歪斜；

（4）根据钢板长度决定单排拉钢或双排拉钢；

（5）两个冷床必须同时使用，均衡拉钢，使钢板充分冷却；

（6）热钢板只能在辊道上通过或来回移动，不得停留在辊道上；

（7）上下冷床传送装置只有处于最低位置时，方可开动辊道；

（8）当后部工序发生故障，冷床上钢板不能向后部输送时，冷床满后及时通知轧机停轧；

（9）冷床发生故障时，立即通知轧机停轧，防止浪板发生。

9.1.6　冷却缺陷及防止

钢板在冷却过程中，由于冷却设备不完善，操作不当等原因造成各种不同性质的钢板缺陷。

9.1.6.1　钢板瓢曲

产生原因：主要是由于浇水量过大（冷却速度过快），或上下表面冷却不均造成。

特征：钢板在纵横方向同时出现同一方向的板体翘曲或呈瓢形。

处理方法：适当增加矫直机的压下量，反复矫直，瓢曲严重的报废；若数量较大，也可以采用常化炉加热后再矫直。

预防措施：严格执行工艺标准，严格控制上下喷水量，使钢板表面冷却均匀，减少上下表面温度差。

9.1.6.2　混号

冷却操作造成的混号事故主要是在床面上推混，即把两个炉号的钢推在一起，或在下床收集时造成。另外，跑号工没有盯住最后一根也能造成混号。

一旦发生混号时，冷床应立即停止操作，迅速处理，如果混得不太厉害，可以用前后数根数的方法查找。如果混得厉害，批量也多，则要先积压起来，需要取样化验才能确认。

为了防止精整混号，首先跑号工应该盯住每炉钢的最末一根，钢材上冷床之前，一边报告给冷床操作人员，一边眼睛看住钢材，确认上冷床无误以后才可离开。冷床上一个床子最好放同一炉钢，如果一床子同时放两炉钢时，应有明显的标记隔开并且通知收集入库人员。标牌工应及时检查标牌，做到牌与物相符。

9.2　翻板、表面检查及修磨

9.2.1　概述

钢板表面缺陷按其来源分为两类：一类是由钢锭、钢坯或连铸坯本身带来的，称为钢质缺陷，如结疤、夹渣等；另一类是由钢锭或钢坯到成品钢板各工序操作不当或其他原因造成的，称为操作缺陷，如刮伤、压入氧化铁皮等。

冷却后的钢板，过去凭肉眼对上下表面进行检查（下表面要翻板后进行检查）。现在有的已开始改用反光镜与灯光检查，在操作室内就可发现钢板上下表面有无缺陷。近来由于板坯质量可靠、氧化铁皮清除干净、冷床设备的改进等使钢板表面缺陷已很少，因此国外个别工厂还取消了翻板检查工序，偶尔发现的缺陷可离线进行补救清理。

对发现的钢板表面缺陷可根据其严重程度分别采用修磨、切除等措施。

9.2.2 翻板机型式

中厚板厂在冷床后都安装有翻板机，翻板机的作用是为了实现对钢板上下表面的质量检查。常见的翻板机有两种形式：一种是曲柄式（见图9-1），一种是正反齿轮式（见图9-2）。两种方式中以曲柄式翻板机为好，它的优点是翻板平稳、噪声低、不会夹伤钢板，而且能双向翻板。

图 9-1 带有曲柄连杆机构的翻板机

1，2—托臂；3—钢板；4—曲柄

图 9-2 正反齿轮式翻板机

1—电动机；2—减速机；3—齿轮；4—托臂；5—长轴

使用曲柄连杆传动机构的，当一对曲柄机构转动360°时，用两组托臂使钢板翻转180°。由图9-1可以看出，当曲柄4按箭头方向转动时，托臂2便发生转动与托臂1靠近夹住钢板，当继续转动时，两组托臂和钢板一起竖起来，当距垂直面5°~10°时，两组托臂便开始相互平行，这种平行继续保持到垂直面的另一侧5°~10°时，钢板从托臂1翻到托臂2上，如图9-1中的虚线所示，从此时开始，托臂便逐渐回到原来的位置，如图9-1中的实线所示。

正反齿轮式的，当齿轮3转动其1/4周长时，使钢板翻转90°倾倒到另一侧托臂上，再将齿朝反方向转动其1/4周长时，使钢板落下，从而达到钢板翻180°的目的。

9.2.3 翻板操作

9.2.3.1 齿轮传动式翻板机操作

A 开车前的检查

开车前的检查主要有以下工作：

（1）翻板机大轴传动齿轮，应达到润滑良好，无杂物；

（2）翻板机电闸松紧情况和闸皮磨损情况，应达到抱闸制动良好，闸皮厚度不小于 4mm；

（3）托臂起落位置应达到无阻碍，下落到位时托臂不高于辊道面；

（4）托运机小车及钢绳应达到转动灵活，倒车时不刮钢板，钢绳紧固；

（5）钢板输送辊道链条，应达到长度适当，转动灵活。

B　操作程序及作业标准

操作程序及作业标准主要如下：

（1）钢板输入。当钢板经矫直输出后，启动翻板机输入辊道输入钢板，并将钢板停在拖运机小车的中间位置。使拖运机小车两个推爪受力均匀，钢板不发生偏移。

（2）拖运钢板。启动拖运机，让拖运机小车推爪先缓慢接触钢板，防止撞击时钢绳拉断，将钢板横移，使钢板侧边位于翻板机两组托臂的中心位置后停止。

（3）翻板。启动翻板机。当钢板直立靠在被动托臂时，立即反向操作，将托臂缓慢落下。当托臂低于辊道面时停止，从而达到钢板翻转 180°的目的。

（4）钢板输出。启动推钢小车将钢板推送到钢板输出辊道上，使一侧边与挡板靠齐，然后将小车退回原处。再启动输出辊道将钢板输送到划线台上停稳。

C　操作注意事项

操作注意事项如下：

（1）开车时应逐步启动，确认设备运转无障碍再完全启动；

（2）钢板卡住时严禁用推钢小车撞钢板，以免钢绳撞断；

（3）不准一次翻多张钢板；

（4）翻板机托臂起落速度不要太快，避免产生很大的冲击力；

（5）托臂下落时，其下面不准输入钢板，以免将托臂撞弯或折断，或托臂将钢板压坏；

（6）不翻板时，托臂停留位置应低于辊道面；

（7）运转时应保持电闸有正常的制动力，若发现电闸松动应及时调整。

9.2.3.2　曲柄连杆式翻板机操作要点

曲柄连杆式翻板机操作要点如下：

（1）首先检查移送链条是否完好，运转是否灵活，翻爪是否处于同一平面；

（2）翻板和移送钢板时，应严格执行按炉送钢制度，不得混号；

（3）翻板时不得猛起猛落，要安全平稳；

（4）翻板时，不得向翻板机送钢；

（5）翻爪落下位置要低于移送链水平面，否则不准开动移送链；

（6）未经检查人员许可，不得擅自送钢和翻板；

（7）保持移送链轮和滑道上有足够的润滑油。

9.2.3.3　翻板操作缺陷及防止

A　钢板划伤

特征：在钢板表面有低于轧制面的横向直线沟痕，其长短和位置不一，但距离相同，并在伤口处有金属光泽。

产生原因：多为滑道辊道有棱角或突出的螺丝与钢板摩擦造成。

处理方法：划伤轻微不超标准规定允许范围的保留或修磨，严重的切除。

预防措施：要经常检查与钢板表面接触的部分是否有棱角，发现后应立即处理。

B　翻板机托臂压伤

特征：在钢板一个纵边有鲜明横向压印和弯曲变形，其变形程度边部大于中间。

产生原因：一种是由于翻板时托臂转动角度过火，造成两组托臂交叉对钢板产生压力，使钢板被压变形；另一种是在托臂下落时钢板输入，托臂落在钢板上表面将钢板压变形。

处理方法：轻微压伤可以用矫直机矫平，严重的切除。

预防措施：一是操作前检查翻板机电闸，应保证控制准确；二是翻板时注意观察托臂的起落位置，正确适时地输入钢板；三是提高操作技术水平。

9.2.3.4　翻板机操作事故及预防

在生产过程中，由于操作不当易发生托臂撞弯或撞掉事故。

事故原因：托臂停留位置高于辊道，或托臂下落时输入钢板，将托臂撞弯或将其根部撞开焊。

处理方法：将托臂被撞弯部位平整过来，撞掉的平直后焊上。

预防措施：托臂的停留位置必须低于辊道面，翻板时严禁输入钢板。

9.2.4　砂轮机

用于厚板修磨的砂轮机有手推砂轮机、自动砂轮机、圆盘式砂轮机、手砂轮机、砂带修磨机、不摆头砂带修磨机、自动磨削机。

（1）手推砂轮机。这是在厚板修磨中最常使用的一种砂轮机。在小型手推车上装上电动机，砂轮由三角皮带传动。作业人员手持砂轮机，边左右摆动砂轮边拉着手推车前进。

（2）自动砂轮机。这是一种使手推砂轮机摆头和走行自动化的机械。在钢板上铺设钢轨和这种机械配套时，它就边磨削一定宽度边行走。可以不用人工修磨，一人即可操纵数台机械。因而适于大面积修磨，最近人们都喜欢用它。这种机械和手推砂轮机的大小大致一样，移动场地比较简单。

（3）圆盘式砂轮机。这种型号也称角砂轮，重量轻、体形小，一般用于狭小场所或从下方修磨钢板下表面等。

（4）手砂轮机。这种型号使用扁平砂轮，其特点与圆盘式砂轮机相同。

（5）砂带修磨机。这是一种用磨削砂带代替手推砂轮机的砂轮，使它在皮带轮上旋转的机械。使用方法与手推砂轮机相同。

（6）不摆头砂带磨削机。这是一种使用磨削皮带的砂轮机，不是边使用边摆头，而是边修磨边前进。

（7）自动磨削机。在沿着钢板长度方向敷设钢轨上走行的台车上，装载一台在台车上沿宽度方向走行的磨削机，有如一台桥式起重机。将需要修磨的钢板放在两条钢轨之间，开动磨削机就可以修磨任何部位的缺陷。它能够自由确定磨削部位，指定磨削部分的宽、长，并且还能够遥控。然而，由于修磨板的搬出搬入，修磨部位、修磨面积没有规律性等原因，目前还不能充分发挥其能力。

9.2.5　砂轮的选择

不同硬度的钢料选择砂轮的粒度不同，一般清理硬度高的钢料时选用软质砂轮，这是因为软质砂轮的黏合剂强度低，磨钝的砂粒易脱落，砂轮表面经常保持着新砂粒，砂轮的研磨效率较高。清理较软的钢料时，选用硬质砂轮，这是因为硬质砂轮表面的砂粒，磨钝得较慢，也有利于提高研磨效率。另外还要注意选择合适的砂轮转速和掌握好砂轮对钢坯的压力，使清理中因摩擦而产生局部温升及时散去，防止清理后产生裂纹。

微课：翻板
检查与修磨

9.2.6　修磨操作要点

修磨操作要点如下：

（1）检查修磨小车的砂轮片直径不得小于极限尺寸，不得有裂纹，否则应立即更换；

课件：翻板
检查与修磨

（2）检查小车的锁紧螺丝螺母是否松动，护罩是否完好，牢固，电缆线是否破损；

（3）小车的砂轮转动是否平稳，确认无问题后，方可使用修磨小车；

（4）关闭电锁后，在质检人员指定的缺陷部位进行修磨，修磨时小车应前后移动，保证修磨处平缓无棱角，必须将缺陷清理干净，修磨完后经质检人员认可；

（5）修磨后，将修磨部位涂上清漆。

9.3　喷丸清理和涂漆

9.3.1　喷丸设备

厚板喷丸装置有立式与卧式两种。虽然它们在本质上没有区别，但立式的在喷丸工序的前后要将钢板竖起放倒。还有，钢板的传送也有问题，现在多采用卧式装置。

图 9-3 为卧式喷丸装置的示意图。钢丸由高速旋转的喷射机的叶轮片尖端喷射出去，轨迹呈漩涡状，以非常高的速度清扫钢板以去除钢板上的氧化铁皮。

散落在钢板上的钢丸由刮板和压缩空气扫入抛射室下部的漏斗内，在漏斗下部装有一个过滤网，使大块破片不会卷进下部的螺旋式输送机。钢丸循环在进入螺旋

图 9-3 卧式喷丸装置示意图

1—喷射机；2—上部螺旋式输送机；3—链斗式输送机；4—下部螺旋式输送机；5—辊道

式输送机之前，通过风选式分选机，利用气流将清除掉的氧化铁皮，不能使用的钢丸以及其他异物分离开来。此外，也有安装旋转式分离器的。经过分离后，将能够使用的钢丸通过螺旋式输送机将它送到边侧，再用链斗式输送机送往上部，供各喷射机使用。

抛射室用钢板围起来，里面铺上一层碳钢铸件，在直射部位还要装上耐磨性能好的铬制垫板，在检查孔的部位上特别铺上一层橡胶内衬，如果密封不严密就容易漏钢丸。在漏斗侧面装有钢丸补给口，以便在运转中也能补给。

抛射室内有乱弹射的钢丸，传送钢板用的辊子容易磨损，因此一般使用耐磨钢或使用衬胶辊。喷丸机内的辊子间距一般为 700~800mm，如间距过大，当通过薄板时有掉进两个辊子之间的危险。如辊子与侧板之间的密封不严密，也会造成漏钢丸。

9.3.2 喷丸和涂漆

造船、桥梁、大型油罐等用厚板作原料的大型钢结构物，其坯料的保管、半成品的保管及安装等多在室外进行，且多数工期很长。因此，必须注意防锈。喷丸清理和涂漆就是为满足这种要求而采用的手段，其主要目的是把钢板最初生成的氧化铁皮去掉，进行首次防锈处理，以防止加工过程中生锈，便于进行成品完工后的防锈和涂漆。这种喷丸清理和涂漆工作过去都是由桥梁厂和造船厂进行的，后来逐渐过渡给钢板生产厂进行。其原因一方面是桥梁和造船厂的喷丸能力不足，另一方面是钢板生产厂作喷丸处理时，在去掉氧化铁皮的同时，很容易发现表面缺陷，有利于充分清理，对确保质量有好处。而且，在用无氧化炉进行热处理时，也必须预先除掉氧化铁皮。

喷丸处理使用的喷射材料有砂粒、切碎的钢丝及钢球等，通常采用直径为 1.0mm 的钢球。在喷丸处理中，为了除掉氧化铁皮，需要把这些喷射材料以 60m/s 的高速度喷到钢板表面上，因此钢板表面会产生微小的凹凸不平，并引起轻微的加工硬化。

表面加工硬化层深度应限于表面层 1.0mm 以内，最深可达 2.0mm。硬度的提高程度和硬化层深度，随板厚与材质而变化。由于加工硬化，伸长率有很大的降低。表面发生凹凸后会使弯曲性能变坏。

涂漆作业是用手动或自动喷雾器把用户指定的涂料按照规定的干燥涂膜厚度均匀地喷涂到钢板上。涂漆板的涂膜厚度不均和过厚，对气体切割性和焊接性有影响。所以，对涂膜厚度要进行限制，在确保发挥防锈效果的前提下，涂膜厚度越小越好。

9.4　钢 板 标 志

9.4.1　钢板标志的内容和目的

在钢板入成品库时，钢板表面必须标有明显的产品标志。标志的内容包括供方名称（或厂标）、标准号、牌号、规格及能够跟踪从钢材到冶炼的识别号码等。有关标志的具体要求，均按 GB/T 247 或相应的标准以及协议规定执行。钢板标志的目的是便于识别，防止钢板在出厂后的存放、运输和使用时，造成钢质混乱，不利于合理地使用钢板。

9.4.2　钢板标志的方式

（1）喷字。喷字是在钢板端部的上表面放上用薄钢板（或合金铝板等）制成的漏字板，摆上所需要的漏字，然后用喷枪喷涂白色的高温涂料或油漆。由于换字速度较慢，作业环境较差，故有的企业已研究使用自动喷字机。

（2）打印。由于钢板在长期储存和吊运过程中，其表面相互摩擦或与其他物体摩擦，以及酸洗、喷丸、锈蚀等原因，造成喷字变得模糊不清，因此还要在钢板表面的一角打上钢印，通常只打钢号、生产批号（或炉罐号）。打印是利用高强度的钢字，使用压力或冲击力将钢字印在钢板表面上。通常使用的打印方式有手工打印，液压滚字机，打印机等。

（3）贴标签。事先将标记内容写在标签纸上，然后将标签纸贴在钢材的端面或侧面上，这种方法既简单又可靠。

9.5　分类、收集

9.5.1　钢板分类、收集的目的和任务

凡经剪切机剪成各种长宽尺寸规格，并检查判定合格的钢板，都必须按照钢质、炉罐号、批号、尺寸规格以及每吊钢板所允许的最大重量等，进行分类、收集。其目的在于防止钢质和规格混乱，便于吊运和成品管理，合理使用钢材。

这项工作的主要任务是：将不同炉罐号、钢质、批号、尺寸规格的钢板进行分类；将各类钢板运送到适当场地，进行垛板。

9.5.2 垛板的形式

成品钢板的厚度不同，所采用的垛板装置也不同。中厚板的成品收集装置有电磁吊式、斜坡式、推钢式等多种形式。图9-4和图9-5为两种形式的垛板装置。

图9-4 推钢式垛放机示意图

1—垛板架；2—钢板；3—调整螺丝；4—从动绳轮；5—滑边；6—推爪；7—钢绳；8—主动绳轮

图9-5 滑坡式垛板机示意图

1—滑架；2—齿条；3—齿轮；4—导轮；5—导轨；6—滚轮；7—垛板架

9.5.3 垛板机操作

9.5.3.1 推钢式垛板机操作

A 操作前的检查

操作前的检查如下：

(1) 检查垛板机钢绳磨损情况，应达到无严重起刺和严重断股现象；

(2) 检查垛板机推爪是否在一条直线上，发现不正应及时调整；

(3) 检查垛板挡桩是否牢固，发现开焊时应立即加固；

(4) 检查垛板架是否磨损严重或断裂，发现断裂应及时更换。

B 推钢式垛板机操作程序

钢板进入垛板辊道后，观察板面标志，根据钢质、炉罐号、批号、生产计划要求的尺寸规格进行分类。按照钢板的尺寸规格分类有两种：一种是计划产品，即钢板的厚度、长度、宽度尺寸符合生产作业计划要求；另一种是非计划产品，即钢板的厚度、长度、宽度尺寸不符合生产作业计划要求。通常符合生产作业计划要求的钢板垛在一起，厚度非计划品垛在一起，宽度和长度非计划品垛在一起，当下架钢板出现偏斜时，下架工要用鹰嘴钳将钢板别正，应保证同垛钢板头端一侧面整齐。

作业标准：分类准确，垛板整齐。

C　操作注意事项

操作注意事项如下：

（1）垛板操纵工应与下架工互相配合，以防钢板碰人，撞坏垛挡桩及垛板架；

（2）辊道在输送钢板时，不允许开动推床或将推床推爪傍在辊道中间，以免将推爪撞坏；

（3）在处理辊道传动链掉链子或断链子时，应先把操纵台的电锁锁好，再去处理链子；

（4）当检查人员卡量厚度或观察断面时，不准移动钢板；

（5）冷床上的钢板要单张推送，不得重叠或连续推送（采用步进式）；

（6）当钢板表面有缺陷标记时，严禁输送到成品跨；

（7）不同宽度堆垛在一吊的钢板，应宽的在下，窄的在上，下面的宽钢板不少于三张（块数少于五张的除外）。

9.5.3.2　电磁吊操作要点

电磁吊操作要点如下：

（1）电磁吊必须听从挂吊工的指挥，允许后方可起吊；

（2）电磁吊上下启动要平稳，不得猛启猛落；

（3）电磁吊运送钢板要平稳，不得来回摆动；

（4）垛板时，必须单定尺、双定尺和不同钢种分开堆放，并且保证钢板一侧边平齐。

9.6　取样、检验

9.6.1　检验

9.6.1.1　钢板质量检验

对钢板质量检验的目的是验证钢板能否满足有关技术条件的要求，并正确评价其质量水平。钢板质量检查的内容包括力学性能和工艺性能检验、内部组织检验、外形尺寸检验、表面质量检验和内部缺陷的无损探伤等。其中力学、工艺性能检验和内部组织检验都要先在钢板上按规定取试样后再进行检验，其他项目则无需取样检查。各类钢板的具体检验项目由该类钢板的标准规定。

9.6.1.2　检验规则

检验规则如下：

（1）钢板和钢带的质量由供方技术监督部门进行检验和验收。

（2）交货钢板和钢带应符合有关标准的规定，需方可以按相应标准的规定进行复查。

（3）钢板和钢带应成批提交检验和验收，组批规则应符合相应标准的规定。

（4）钢板和钢带的检验项目、试样数量、取样规定和试验方法应符合相应标准的规定。

（5）复验。当某一项试验结果不符合标准规定时，应从同一批钢板或钢带中任取双倍数量的试样进行不合格项目的复验（白点除外）。复验结果均应符合标准，否则为不合格，则整批不得交货。供方对复验不合格的钢板和钢带可以重新分类或进行热处理，然后作为新的一批再提交检验和验收。

9.6.2 批的概念

标准中所指的批，是指一个检验的单位，而不是指交货的单位。通常一批钢或钢材的组成有下列几种不同的规定（详见有关标准）。

（1）由同一炉罐号、同一牌号、同一尺寸或同一规格（有的还要求同一轧制号）以及同一热处理制度（如以热处理状态供应者）的钢材组成。

（2）由同一牌号、同一尺寸及同一热处理制度的钢组成。与第一种的区别在于可由数个炉罐号的钢组成。如普碳钢、低合金钢可以组成混合批，但每批碳含量之差应不大于0.02%，锰含量之差应不大于0.15%。一般用途普通碳素钢薄钢板等均属这种情况。

（3）其他均与第一种或第二种相同，但尺寸规格可由几种不同尺寸组成，例如普通碳素钢和低合金钢厚钢板标准规定，一批中钢板厚度差根据厚度不同规定为3mm或2mm的钢板可组成为一批进行检验。检验批和交货批不是一回事，检验批是进行检验的单位，而交货批是指交货的单位。当订货数量大时，一个交货批可能包括几个检验批；当订货数量少时，一个检验批可能分成几个交货批。

9.6.3 钢材力学及工艺性能取样

9.6.3.1 样坯的切取

样坯的切取主要如下：

（1）样坯应在外观及尺寸合格的钢材上切取。

（2）切取样坯时，应防止因受热、加工硬化及变形而影响其力学及工艺性能。

1）用烧割法切取样坯时，从样坯切割线至试样边缘必须留有足够的加工余量，一般应不小于钢材的厚度，但最小不得少于20mm。对厚度大于60mm的钢材，其加工余量可根据双方协议适当减小。

2）冷剪样坯所留的加工余量可按表9-2选取。

表 9-2　冷剪样坯所留加工余量　　　　　　　　（mm）

厚　　　度	加工余量
≤4	4
>4~10	实际厚度
>10~20	10
>20~35	15
>35	20

9.6.3.2　样坯切取位置及方向

样坯切取位置及方向主要如下：

（1）应在钢板端部垂直于轧制方向切取拉力、冲击及弯曲样坯。对纵轧钢板，应在距边缘为板宽四分之一处切取样坯。对横轧钢板，则可在宽度的任意位置切取样坯。

（2）从厚度小于或等于25mm的钢板上取下的样坯应加工成保留原表面层的矩形拉力试样。当试验机条件不能满足要求时，应加工成保留一个表面层的矩形试样。厚度大于25mm时，应根据钢材厚度，加工成GB/T 228中相应的圆形比例试样，试样中心线应尽可能接近钢材表面，即在头部保留不大显著的氧化铁皮。

（3）在钢板上切取冲击样坯时，应在一侧保留表面层，冲击试样缺口轴线应垂直于该表面层。

（4）测定应变时效冲击韧性时，切取样坯的位置应与一般冲击样坯位置相同。

（5）钢板厚度小于或等于30mm时，弯曲样坯厚度应为钢板厚度；大于30mm时，样坯应加工成厚度为20mm的试样，并保留一个表面层。

（6）硬度样坯应在与拉力样坯相同的位置切取。交货状态钢材的硬度一般在表面上测定。

9.6.4　成品化学分析取样

9.6.4.1　成品分析

成品分析是指在经过加工的成品钢材上采取试样，然后对其进行的化学分析。成品分析主要用于验证化学成分，又称验证分析。由于钢液在结晶过程中产生元素的不均匀分布（偏析），成品分析的值有时与熔炼分析的值不同。

9.6.4.2　取样总则

微课：中厚板精整及其他操作

课件：中厚板精整及其他操作

（1）用于成品分析的试样，必须在钢材具有代表性的部位采取。试样应均匀一致，能充分代表每批钢材的化学成分，并应具有足够的数量，以满足全部分析要求。

（2）化学分析用试样样屑，可以钻取、刨取，或用某些工具制取。样屑应粉碎并混合均匀。制取样屑时，不能用水、油或其他润滑剂，并应去除表面氧化铁皮和脏物。成品钢材还应除去脱碳层、渗碳层、涂层、镀层金属或其他外来物质。

（3）当用钻头采取试样样屑时，对小断面钢材成品分析，钻头直径应尽可能的大，至少不应小于6mm；对大断面钢材成品分析，钻头直径不应小于12mm。

（4）供仪器分析用的试样样块，使用前应根据分析仪器的要求，适当地予以磨平或抛光。

9.6.4.3　成品分析取样

成品分析取样主要有以下两种。

（1）纵轧钢板。钢板宽度小于1m时，沿钢板宽度剪切一条宽50mm的试料。

钢板宽度大于或等于 1m 时，沿钢板宽度自边缘至中心剪切一条宽 50mm 的试料。将试料两端对齐，折叠 1~2 次或多次，并压紧弯折处，然后在其长度的中间，沿剪切的内边刨取，或自表面用钻通的方法钻取。

（2）横轧钢板。在钢板端部与中央之间，沿板边剪切一条宽 50mm、长 500mm 的试料，将两端对齐，折叠 1~2 次或多次，并压紧弯折处，然后在其长度的中间，沿剪切的内边刨取，或自表面用钻通的方法钻取。

10 热 处 理

所谓热处理，简而言之就是对钢板进行加热和冷却的热处理过程。具体说"加热"是指选择适当的加热温度和加热制度，"冷却"是指选择适当的冷却速度和冷却温度。由于加热和冷却而使钢板的性能得到改善的工艺方法称为热处理。

钢板热处理的目的是通过加热、保温和冷却使钢板获得所要求的金相显微组织，从而提高其力学性能和加工性能。近年来中厚钢板生产中虽然已经广泛采用了控制轧制、控制冷却新工艺，并收到了提高钢板的强度与韧性、取代部分产品的常化工艺的效果。但是控制轧制、控制冷却工艺还不能全部取代热处理，对机械性能有特殊要求的钢板还需要进行热处理。同时热处理的产品具有整批性能稳定的优点；某些轧制性能不合格的产品，可采用热处理措施予以挽救；某些用户还会指定产品必须经过热处理交货。因此，热处理工序在现代化中厚板生产中是必不可少的。

山东钢铁集团日照有限公司的技术状元陈洪川，将钢种的工艺特点与企业现场的在线淬火工艺设备的实际情况相结合，和技术人员一起制定出了最优轧制工艺，在线实现应淬尽淬，确保极限产品生产稳定，满足钢板的工艺性能及客户对产品质量的要求。

10.1　热处理操作工艺

中厚板热处理工艺可分为正火、调质、回火和退火处理等，应根据产品品种和用途，选择合适的热处理方式。钢板的热处理工艺如图 10-1 所示。

正火热处理主要适合于低合金钢（造船、压力容器和锅炉用钢等）。钢板加热至 A_{c3} 以上 30~50℃，使奥氏体组织及成分更加均匀化，然后经保温、出炉后在自由流通的空气中冷却。加热的时间与钢板的化学成分（钢种）和厚度有关。钢板经过正火处理，可得到均匀的珠光体组织，消除轧制内应力，提高冲击和延伸性能。含有钒、铌、钛等元素的钢，采用 A_{c3} 以上 120~150℃的加热温度。

要求较高综合性能的产品（中碳钢、合金结构钢等高压容器和锅炉钢板、工程机械和模具用钢板）则多用火+回火的调质热处理。钢板的火是先加热到 A_{c3} 以上 20~50℃，保温一定时间使奥氏体均匀化，然后以大于临界冷却速度的冷速快速冷却形成马氏体组织。加热的时间与钢板的化学成分（钢种）和厚度有关。为了得到良好的综合性能，还需及时进行回火处理，以清除残余应力，增加钢的韧性。

"通过快冷产生硬化的能力"可定义为淬透性，即"一个钢在某些给定条件下冷却时能在给定深度由奥氏体部分地或全部转变为一定百分数的马氏体能力"，这是验证淬火结果的主要方式。其中钢的化学成分对淬透性影响很大，碳含量对淬透性影响最大，其次是 Mo、Mn、Cr、B、Si 和 Ni，提高淬硬性需要提高钢的碳含量，而要提高钢的淬透性还必须加入特殊的合金元素。

图 10-1　钢板的热处理工艺

回火是加热至 A_{c1} 以下温度，保温一定时间后冷却至室温，主要目的是降低脆性和提高韧性，但同时应注意控制冷却速度，避免产生回火脆性。添加某些合金元素，如 Mo 和 V，会降低回火时软化的速率，改善硬度。回火的方法可分为高温回火、中温回火和低温回火，高温和中温回火适用于得到一定强度和强韧性的材料，低温回火适用于得到高强度和耐磨性的材料。

退火工艺可分为完全退火、不完全退火、等温退火、球化退火、扩散退火、再结晶退火和消除应力退火等。其目的是改善延伸性、降低残余应力，以及改善切削加工性。需要退火处理的中厚板产品通常采用完全退火，碳含量（质量分数）为 0.02%~0.8%的亚共析钢加热至 A_{c3} 以上 30~50℃，经长时间保温完全奥氏体均匀化，在炉子中缓慢冷却，得到铁素体和珠光体组织，并清除钢中应力。钢中含有 Cu、V 等强碳化物元素时，加热温度可适当提高；碳、合金含量及板厚增加，则其加热速度应减慢，保温时间可加长。

10.2　热处理炉及其辅助设备

10.2.1　热处理炉的分类及比较

中厚板的热处理是中厚板生产的最后处理工序，其不仅可以改进钢板的加工性能，同时能够显著改善钢板的力学性能，在对高品质钢板需求越来越多的今天，中厚板厂配备热处理线几乎是必然的选择。

中厚板热处理线的核心设备是热处理炉。其对钢板的加热质量将直接决定着产品的质量，其炉温控制的准确性和加热的均匀性比中厚板的加热炉要求更高，其装备水平和操作水平直接影响钢板的质量和生产成本，所以中厚板热处理炉形式的选择是热处理工艺成功的关键。

中厚钢板热处理炉按操作方式可分为连续式和周期式。连续操作的炉型主要有辊底式、双步进梁式和大盘式。周期操作的炉型有车底式、罩式和外部机械化室式等。其中连续操作的热处理炉可用于钢板的正火、回火和调质等热处理，使用范围宽，产品质量好，生产率和自动化程度高，因此得到普遍采用。

热处理炉按照加热方式可分为明火加热与辐射管无氧化式加热两种；按钢板运送方式分为辊底式、步进式、台车式、外部机械化式及罩式五种，如图10-2所示。

图 10-2　中厚板热处理炉的分类

热处理各炉型和加热方式的比较如下。

（1）热处理炉工作方式的比较。连续式热处理炉尤其是辊底式炉可用于钢板的正火、回火及调质等热处理。此种炉型产量大，机械化、自动化程度高，得到了广泛应用，是中厚板厂热处理炉的首选炉型。

周期式间歇性生产的热处理炉，主要用作钢板的退火、正火、回火及调质等热处理。此种炉型生产效率低，燃耗大，成本高，自动化程度低，一般常用于小批量和特厚板的热处理。

（2）明火与辐射管无氧化加热方式的比较。热处理炉的供热方式通常有两种：一种是明火加热；另一种是炉内通保护气体的辐射管无氧化加热。

辐射管加热时，炉内通入氮气等保护气体，在炉内形成惰性气体，防止钢板的氧化，以获得更好的钢板表面质量。但辐射管加热受烧嘴功率的限制，为获得均匀的炉温，辐射管加热的烧嘴布置数量较多，配套设备较复杂，操作点多，维护量相对较大。

明火直接加热热处理炉的最大问题是氧化。表面氧化严重还会造成钢板麻坑、氧化铁皮增厚，特别是燃料中的有害成分会在一定程度上影响钢板的表面质量。

对于辊底式炉，除了用于不锈钢固溶的高温热处理炉采用明火加热以外，随着中厚板行业对产品的质量要求越来越高，越来越多的热处理炉采用辐射管无氧化加热。

同样，除了对产品的质量要求越来越高外，钢板的品种规格也越来越多，对于厚度大于 120~150mm 的特厚板，一般采用台车式炉或外部机械化炉进行热处理。

对于明火加热的步进式炉，其主要优点是虽采用明火加热，但不会在钢板表面产生辊印和划伤；造价低于辊底式炉，用于特厚板热处理有一定的优势。该炉型的最大缺点是钢板输送速度受到限制，难以实现高速出炉，不能与淬火机配套，只能用于钢板的正火、回火处理，目前较少采用。

下面重点介绍辊底式热处理炉、台车式热处理炉和外部机械化炉。

10.2.2 辊底式热处理炉

10.2.2.1 概述

辊底式热处理炉有辐射管无氧化加热和明火加热两种炉型，用于钢板的正火、淬火和回火热处理。目前国内新近建设的热处理炉，用于钢板正火、淬火和回火处理的，多采用辐射管无氧化加热炉型；用于钢板正火和回火处理，特别是中低温回火处理的，多采用明火加热炉型。

采用辐射管无氧化加热炉型时，钢板在入炉前通常需要进行抛丸处理，以去除钢板表面的氧化铁皮。经抛丸处理的钢板在接近入炉口处要进行对中，使其在辊道的正中运行，防止在炉内运行偏离后撞击炉墙；此外，钢板在入炉前还要再经过刷辊清扫，清除抛丸后仍附着在钢板表面的磁性粉尘，以防止这些粉尘随钢板入炉后，在高温下黏结在炉辊上形成结瘤，影响钢板的表面质量。

采用"连续处理"工艺时，钢板的装出炉速度与炉内的运行速度一致。采用"批处理"工艺时，为了减少钢板对炉底辊的热冲击，钢板的装炉速度一般取 15~30m/min；加热完成后，其出炉速度根据处理工艺确定；淬火处理时，出炉速度与淬火机所需速度一致；常化或回火处理时，则按设定速度出炉。

10.2.2.2 辊底式热处理炉的主要特点

辊底式热处理炉的主要特点如下。

（1）连续生产，机械化程度高。顾名思义，底式炉就是在炉内设置一定数量的输送辊道，钢板在输送辊道上运行并进行加热。每根辊子由耐热钢的空心辊、万向接轴、传动减速机和传动电机等组成辊子的速度采用变频控制。一般来说，随着钢板厚度的增加，其加热时间延长，就要降低辊子的输送速度，而钢板厚度减小则反之。

所有炉辊组成钢板的输送平台，使钢板从入炉端经不同的炉温设置段进行加热后到达出料端，整个运行过程由计算机自动控制。

（2）可以采用辐射管无氧化加热技术。无氧化加热技术主要由辐射管加热装置和炉内保护气实现。辊底式炉采用无氧化加热，火焰不直接接触钢板，而是通过煤气在烧嘴内的燃烧加热辐射管，再由射管间接地向钢板传热，同时炉内通入高纯度的氮气形成惰性保护气氛。炉体采用气密性设计、微正压操作，做到炉膛与外部环境的有效隔断。为避免钢板装、出炉操作时炉内气外泄并防止炉外空气进入炉内，在炉头和炉尾分别设有炉喉，炉喉内设置两道耐热帘，还分别在装出炉侧的炉门外增设了氮气气幕。钢板在装出炉的过程中自动打开氮气气幕，减少了外界空气进入炉的可能性，最大限度地减少了钢板的表面氧化，从而有效地保证了钢板的表面质量，实现对钢板的无氧化加热。

（3）高精度的温度控制技术。目前采用辊底式炉进行热处理的产品，规格范围大：厚度 5~150mm、宽度 800~5300mm、长度 2600~3000m。其产量主要取决于处理工艺和钢板宽度，差别也较大。对应不同的产量要求，需供入不同的热量，再加上热处理对钢板温度均匀性的严格要求，温度控制系统必须具有灵活的调节手段和很高的控制精度。

炉膛内烧嘴（辐射管或明火烧嘴）分别布置在炉辊的上方和下方。根据辊底式炉的长度，沿炉体长度方向将炉膛划分为若干个温度控制区，每个控制区内的烧嘴通过 ON/OFF 脉冲进行控制，通过调节烧嘴开关的数量和时间来控制总供热量，使得炉温的控制精度满足要求。并且还可以根据热电偶的数量划分更多的拟控制分区，炉温的温度均匀性可控制在 2℃ 以内。

（4）精确的跟踪技术。钢板在辊底式炉上的整个处理过程采用计算机全自动控制：钢板在入炉前就对其位置进行跟踪；钢板入炉后，控制系统根据钢板的厚度、长度、目标温度和保温时间，确定钢板在炉内的运行速度。根据各区炉辊所带的编码器，可以计算出任一时刻钢板在炉内的准确位置。考虑到钢板可能因平直度不足或其他因素产生打滑等现象，造成位置跟踪不准，在炉内设置了若干个激光检测器，对控制系统计算的钢板位置进行修正，从而确定钢板在炉内的准确位置。

10.2.2.3　辊底式热处理炉的结构

辊底式热处理炉主要由装出料炉门、装出料口密封段（炉喉）、炉体钢结构和砌体、炉内辊道、燃烧系统以及保护气体系统等组成。装料侧炉外的对中装置、刷辊由于要配合钢板的入炉操作，一般也包含在热处理炉系统中。

图 10-3 和图 10-4 为辐射管加热和明火加热辊底式炉示意图。

图 10-3　辐射管加热无氧化辊底式炉示意图
1—门帘；2—上辐射管；3—炉门；4—辊道；5—下辐射管；6—检修门；7—固定点；8—热电偶

A　对中装置

对中装置的作用是将运行过程中已产生位置偏移的钢板重新置于辊道的中心线位置，尽量保持钢板入炉后在炉子中心位置运行，防止钢板撞击炉墙。

图 10-4　明火加热辊底式炉(回火)示意图
1—炉门；2—辊道；3—上烧嘴；4—下烧嘴；5—换热器；6—检修炉门

根据钢板长度的不同，由 2~4 组装有自由辊的升降机构将钢板托起提升高出辊面，再水平对中夹紧，使钢板与辊道中心线平行或重合，同时完成钢板的测宽。其托起提升和水平对中夹紧均采用液压驱动。

B　刷辊

刷辊安装在辊道的下部，用于清除钢板下部的磁性粉尘和灰尘。辊子上带有刷毛，辊道支架可根据刷毛的磨损情况进行调节。

C　装出料炉门

装出料炉门由型钢及钢板焊接而成，内衬耐火材料，同时在炉门和炉门框处采用耐高温耐火材料的凹凸软密封结构。炉门和炉门框都采用水冷却，可以有效地防止炉门变形。炉门配有电动升降机构，在特殊情况下也可手动开启炉门。炉门关闭后，由气动压紧装置压紧，确保密封严密。

D　装出料口密封段

装料口密封段由压低的炉体结构和密封帘组成。明火加热的辊底式炉没有密封帘。

密封帘安装在喉口处，为增强密封效果，一般设置两道密封帘。密封帘外部是由耐热钢组成的挂片，挂片由耐热钢丝连接在一起，内衬耐火纤维毯。密封帘的下部和传送辊道顶面平齐。钢板入炉时冲开密封帘，密封帘下部和钢板上表面接触，从而达到密封的目的。

密封帘为活接密封结构安装，可根据使用情况进行更换。

E　炉体钢结构和砌体

辐射管加热的无氧化辊底式炉要求密封性能好，在炉体设计和安装上必须重视密封性和高温膨胀问题。

为保证炉子的密封性，可以在制造厂进行模块化制作，运至现场后再进行连接焊接，减少现场的焊接量，从而减少焊接缺陷。整体炉子安装完成后需进行气密性检查，合格后才能投入使用。否则应查找原因，经修整后重新进行气密性检查，直至合格。

炉体钢结构和砌体组成一个箱体，放置在两条轨道上。在箱体的中部位置设有固定点，使炉子在热态时向两端膨胀。为减小箱体的膨胀阻力，可以在箱体下部设置滚轮或滚球。

对于辐射管加热的无氧化辊底式炉，由于其辐射管加热的特性，最高热处理温度接近 1000℃，除了炉底部分采用了一层重质耐火砖外，其他全部为轻质材料。炉内辊道的上部炉体由耐火纤维预制模块和耐火纤维毯组成，大大减轻了炉体重量，减小了炉子的热惰性，绝热效果非常好。

对于固溶热处理炉，其最高热处理温度可达 1200℃，一般采用明火加热的辊底式炉。除了部分采用重质耐火材料外，绝大部分为轻质高强度材料，以减少炉体蓄热和增强保温效果。

F　炉内辊道

钢板在炉内辊道上运行完成加热过程。

炉内辊道由耐热钢的空腹辊子、中间联轴器、减速机和电机等组成，可以采用单独或成组变频控制。

辐射管加热的无氧化辊底式炉辊子一般由耐热钢（ZGCr25Ni20、ZGCr25Ni35Nb）空心辊辊身、辊颈和辊轴组合而成。辊子两端轴头上装有调心滚子轴承，轴承座安装在炉子钢结构上的支架处，辊子传动装置安装在基础或钢结构盖板上，并远离炉子外壁以减少辐射热和便于检修。辊子的另一端称为非传动侧，结构和安装要考虑辊子高温状态下的膨胀。炉辊两端辊颈内部填充耐高温的纤维棉，可有效避免炉辊热量传向轴承，延长炉辊轴承的使用寿命。炉辊两端采用整体密封结构，炉辊密封部件包括法兰轴承、气密炉辊密封体、支撑结构和安全盖板，可以保证不会出现由于密封不严而出现的泄漏现象，使炉子始终保持在所要求的工况下运行。

固溶热处理的明火辊底炉的辊子可采用耐热钢 ZGCr28Ni48W5 制作的无水冷空心辊，也可采用 ZGCr25Ni20 制作的中心轴通水冷却的空心辊。水冷轴和辊身之间的空间填充绝热材料，同时为保证强度设置一定数量的耐热钢辊环。

在炉温大于 250℃时，炉辊应保持低速运转，防止炉辊受热变形。为防止突然事故断电，炉区应配备紧急事故电源，确保炉底辊的安全。

G　燃烧系统

燃烧系统一般由燃烧装置、空气煤气管道、各种控制阀门、鼓风机、引风机、换热器、烟道、烟囱等组成。

辊底式热处理炉的燃料通常为高热值煤气，如混合煤气、焦炉煤气、天然气等。

无氧化加热采用辐射管燃烧装置，明火加热可以采用自身预热式烧嘴、高速或亚高速燃气烧嘴。

a　常规燃气辐射管

燃气辐射管燃烧装置是在密封套管内燃烧，通过受热的套管表面以热辐射的形式把热量传递给钢板，燃烧废气不与钢板接触，不会造成氧化气氛，影响产品表面质量；炉内气氛及加热温度易于控制和调节，非常适用于产品质量要求高的场合。

辐射管加热装置主要由管体、烧嘴和废热回收装置等组成。

烧嘴是辐射管加热装置的核心，辐射管烧嘴常见的形式有平行流烧嘴和旋流烧嘴，二者均采用常温或预热至约 500℃的空气与气体燃料扩散混合燃烧。这种燃烧会产生局部高温区，燃烧的峰值温度较高，辐射管沿长度方向存在较大的温差，对辐射管内表面造成局部高温灼烧及氧化腐蚀。

废热回收装置是提高辐射管加热装置热效率的重要部件，通常用耐热钢铸造而成，回收排烟余热来预热助燃空气。但是烟气余热回收效率仍较低，其热效率难以突破 75%。

b 蓄热式燃气辐射管

随着高温空气燃烧（HTAC）技术的发展，低热值燃料如高炉煤气应用在辐射管燃烧装置上。

使用高热值煤气通常采用单蓄热式辐射管，只预热空气；使用低热值煤气通常采用双蓄热式辐射管，不仅预热空气，也预热煤气。

单蓄热式辐射管燃烧装置结构如图 10-5 所示。冷空气先经 A 烧嘴的蓄热体加热，与燃料混合燃烧。辐射管中的热烟气加热 B 烧嘴的蓄热体后，由烟道排出。经过一段设定的时间后改变辐射管中气体的流动方向，冷空气由 B 烧嘴流入，烟气由 A 烧嘴排出。冷空气和热烟气如此交替地流经 A、B 两烧嘴的蓄热体，通过蓄热体交换热量，空气可预热至接近辐射管管壁温度，烟气温度可降至 200℃以下。空气、烟气流动方向的变换和烧嘴燃料气的通断，是通过专用阀门和控制系统实现的。蓄热式辐射管使用点火燃烧器作为点火源，以保证蓄热式辐射管安全、可靠地工作。

图 10-5　单蓄热式辐射管燃烧装置结构示意图
1—辐射管；2—烧嘴；3—蓄热体；4—换向阀；5—切断阀

双蓄热式辐射管与单蓄热式辐射管燃烧装置相比只是煤气系统不是通断，而是和空气系统一样不断地变换煤气和烟气的流动方向从而预热煤气。

和传统的辐射管燃烧装置相比，蓄热式辐射管具有下述特点：

（1）可以使用低热值煤气如高炉煤气等；

（2）实现烟气热量的极限回收；

（3）辐射管表面温度分布更均匀；

（4）辐射管的使用寿命更长；

（5）蓄热式高温空气燃烧可大幅度节约燃料，燃烧产物中 CO_2 和 NO_x 显著降低。

H　保护气体系统

保护气体通常使用高纯度氮气，有三个作用：一是管路通煤气之前作为煤气管路的吹扫放散；二是在炉子开炉时进行炉内气体的置换（充保护氮气）；三是正常生产时作为保护气体。设计中保护气体分两段支管，一段用于装出料炉门处的密封气幕，另一段再分别与炉子各段的氮气接入点相连，用于向炉内供入氮气。

煤气系统切断后和冷炉点火前，为确保安全，煤气管道内必须用氮气进行吹扫放散。吹扫放散系统由氮气管道系统和煤气放散管道系统组成。

10.2.2.4　辊底式热处理炉顺序控制

根据钢板的厚度、热处理工艺温度等的不同，钢板在炉外辊道、入炉段、炉内加热、出炉段等处运行速度各不相同，为保证生产的全自动运行，其顺序控制就显得非常重要。

A　钢板在炉前辊道的运行

钢板由上料天车吊入放在辊道上后向前运行，经抛丸后钢板进入上料辊道，此时钢板的 ID 号已由操作人员输入炉区控制系统或者由二级系统自动调入，如果此钢板的 ID 号经确认正确，则进入下一道工序。

首先，在辊道上钢板将由对中装置对中。钢板对中后将在原地等待，如果第二段辊道能够容纳此钢板，钢板向前运行。在运行过程中，测长装置将对钢板进行测长。该测量长度会与此钢板的 ID 数据进行比较，以进行确认。如有差异，则需操作人员进行确认。

在炉前辊道区还设有一套刷辊。刷辊在钢板通过时清理钢板的下表面，以免附着的杂质粘到炉底辊上。

然后钢板将会运行至装料炉门处，等待入炉。

钢板在炉前辊道的运行速度一般为 1~20m/min。

B　钢板在辊底炉炉内的运行

当检测到炉内装料区域有足够的空间可以装下将要入炉的钢板并且和前一块钢板尾部之间的间隙等于设定的距离时，就具备了入炉条件。当接到允许入炉信号后，氮气打开形成氮气幕，炉门开启，炉外的装料辊道和炉内装料区辊道同步运行，以最快速度将钢板装入炉。当入炉钢板的尾部离开设置在装料炉门处的金属检测器后，关闭炉门同时辊道降速，当到达与前一块钢板之间设定的间隔后，钢板按照 PLC 给定的速度转入炉内运行。钢板在入炉时的最高运行速度一般为 20m/min。

钢板在炉内的运行速度取决于钢板的厚度和相应钢种的热处理制度。一般来说，随着钢板厚度的增加，其加热时间延长，运动速度就慢。钢板厚度减小则反之。

钢板在炉内加热的时间随钢板的厚度增加而加长，为了在有限炉长的条件下不同厚度钢板能得到不同的在炉加热时间，炉内辊道必须采取不同的运行制度。炉区PLC 根据装炉系统提供的钢板数据（品种、长度、宽度、厚度、重量等）自动选择钢板在炉内的运行制度。

（1）连续运行：炉辊的传动速度保持在一定范围内，钢板采用连续运行制度，即在炉钢板以规定的速度（根据钢板的规格）向前运行，当钢板运行到出炉端冷（热）金属检测器位置，同时检测的钢板温度，达到工艺要求（如未达到工艺要求的温度，则处于事故状态，采用摆动运行，直到达到要求的工艺温度为止），此时钢板快速出炉。连续运行的速度一般为 0.3~7.5m/min。

（2）摆动运行：在事故情况下，自动或手动进入摆动运行方式。摆动运行制度时、钢板在炉内以 1.5~3m/min 速度按预定的位置周期性摆动。

为了事故状态下的安全保护，设置了两套激光金属检测器，前者限制最后一块钢板头部的位置，后者用以限制最前面一块钢板头部的位置。同时，出炉口处冷（热）金属检测器的位置还作为钢板快速出炉的起始位置。

C　钢板出炉

在连续运行制度下，钢板头部运行到出炉口处的金属检测器的位置时，自动控制系统发出指令，氮气打开形成氮气幕，炉门开启，炉外淬火机辊道和炉内出料区辊道（根据钢板的长度启动相应的辊道）同步运行。若钢板需要淬火，就以规定的速度（一般最大速度为 60m/min）将钢板送出炉外；若钢板不需要淬火，就以 40m/min的最高速度将钢板送出炉外。

当钢板尾部离开某根辊道后，辊道减速，以下一块钢板的设定运行速度运行。当钢板的尾部离开出料炉门并被炉外的热金属检测器检测到后，则炉门关闭，关闭氮气。同时发出出钢完毕信号。

10.2.3　台车式热处理炉和外部机械化炉

台车式热处理炉和外部机械化炉同属间歇式周期性工作的热处理炉，在进行中厚板热处理时作为连续辊底式热处理炉的补充。根据热处理能力的不同，通常配备 2~4 座台车式热处理炉和 4~8 座外部机械化炉。

台车式热处理炉（见图 10-6）的炉底是一活动台车，装出料都是在炉外进行

图 10-6　台车式热处理炉示意图

1—炉门；2—烧嘴；3—台车；4—烟道

的。装料时，在炉底放置垫铁，将待处理的钢板放在垫铁上，根据装料数量的不同，可以再放置垫铁，装第二层钢板，直至满足装料要求。随后由台车拖曳机构将台车拖入炉内开始加热，按照不同的热处理曲线进行升温。加热完成后，将台车拖出炉外，根据热处理工艺的不同，或在空气中冷却，或进行淬火处理。

外部机械化炉（见图 10-7）是带有固定热炉底的室式炉，有专门的装出料机械进行装出料。通常 4~8 座外部机械化炉至少配置 1 台装出料机。

图 10-7　外部机械化炉示意图
1—烧嘴；2—烟道；3—炉门

10.3　淬　火　机

10.3.1　淬火处理

淬火工艺是将钢加热到 A_{c3} 或 A_{c1} 点以上某一温度，保温一定时间，然后在水或油等冷却介质中快速冷却，这种热处理工艺称为淬火。

淬火处理的主要目的是把加热后的工件快速冷却，将其组织由奥氏体转变成马氏体，并在随后经适当温度回火处理，获得所需要的综合性能。由于受过冷奥氏体稳定性、截面尺寸及淬火冷却速度等的影响，淬火后的工件不一定能获得全部马氏体，工件内部还可能有贝氏体和珠光体等组织存在。

10.3.2　中厚板淬火机

中厚板淬火机按照结构形式可分为压力式与辊式两种。

压力式淬火机：由美国 Drever 公司于 20 世纪 40 年代开发。压力式淬火机最初用来生产低合金高强板（HSLA），钢板从奥氏体化炉出炉后高速进入淬火机，一旦钢板到位后辊道即停止传动，液压装置驱动辊道下降，使钢板落在淬火机下压床上，随后上压盘下降至钢板上，然后水喷管按事先设定的周期冷却钢板至 Mf 温度以下。

淬火周期完成后，压盘打开，辊道抬起将钢板从淬火机送到卸料辊道上。

辊式淬火机：由美国 Drever 公司于 20 世纪 60 年代开发，针对碳钢和不锈钢用水喷射淬火，通过重约 35t 上框架施加抑制力使得钢板处于一个平直的状态；淬火时，向钢板的上下表面喷射大约每分钟 128000L 的水，保证有一个快速和均匀的冷却过程。

辊式淬火机与压力式淬火机的特点见表 10-1。

表 10-1　辊式淬火机与压力式淬火机的比较

序号	比较内容	压力式	辊式	说　明
1	淬火时钢板的状态	钢板静止	钢板连续移动	对于超厚钢板的淬火，辊式还可以选择摆动冷却方式
2	处理钢板最大规格（厚度×宽度×长度）/mm×mm×mm	(3~100)×4000×16000	(8~150)×5300×25000	（1）厚度越大的钢板，采用压力式淬火机淬后的性能越不均匀；（2）压力淬火机由于结构原因和使用的经济性原因，对处理钢板的长度有限制
3	冷却速度	高	高	
4	淬后钢板组织均匀性	较差	好	（1）压力淬火机从钢板出炉到淬火开始的延时时间平均约 45s；（2）辊式淬火机从钢板出炉到淬后开始的延时时间平均约 8s；（3）延时时间长对薄钢板和低淬硬性钢板容易在淬火前产生非马氏体组织
5	钢板头尾温差/℃	无	40~100	
6	淬后钢板性能均匀性	较差	好	压力淬火机除第 4 项造成的性能不均外，对较厚的钢板，淬火后有压头"阴影"，即软点产生
7	淬后钢板平直度	较好	好	（1）对薄板淬火，压力淬火机淬后钢板的平直度好于辊式淬火机；（2）厚板淬火，辊式容易保证淬后钢板的平直度
8	淬后钢板表面质量	较好	好	压力淬火机的压头容易在钢板表面产生压痕
9	淬火效率	较高	高	辊式淬火机采用连续方式
10	设备结构	较简单	较复杂	
11	热处理炉出炉操作与淬火操作的关系	简单	复杂	（1）压力淬火机只要求钢板快速出炉，对淬火机辊道只有简单的调速要求，对热处理炉出炉辊道没有另增调速要求；（2）辊式淬火机要求钢板的出炉速度与淬火机辊道速度匹配，调速要求高；（3）辊式淬火机对热处理炉出炉辊道的调速要求高

序号	比较内容	压力式	辊式	说　　明
12	淬火水压力消耗量/%	低压 60~70	高压、中压 100	（1）压力淬火机对供水系统的要求相对较低； （2）有的辊式淬火机还采用高、中、低三段压力
13	用户情况/%	10~15	100	

10.3.3　辊式淬火机

国内某辊式淬火机不同宽度型号的参数见表 10-2。

表 10-2　国内某辊式淬火机不同宽度型号的参数

序号	主　要　参　数		5000mm 淬火机	4300mm 淬火机	3800mm 淬火机
1	主要尺寸/mm	高压段长度	3273	3273	3273
		低压段长度	19431	19431	19431
		总长度	25137	26210	26240
2	淬火钢板尺寸/mm	厚度	5~150	5~100	6~100
		宽度	900~4800	900~4200	900~3700
		长度	3000~26000	3000~26000	3000~18000
3	淬火速度/m·min⁻¹		0.5~40	1~60	1~60
4	淬火水压力/MPa	高压段	0.8	0.8	0.8
		低压段	0.4	0.4	0.4
5	淬火水量 /m³·min⁻¹	高压段	90	80	76
		低压段	150	100	97
6	高压冷却段	第一组集管	1 对，缝隙式	1 对，缝隙式	1 对，缝隙式
		第二组集管	2 对，三排喷嘴式	2 对，三排喷嘴式	2 对，三排喷嘴式
		第三组集管	6 对，单排喷嘴式	6 对，单排喷嘴式	6 对，单排喷嘴式
7	低压冷却段	第一组集管	17 对，管孔式	17 对，管孔式	17 对，管孔式
		第二组集管	17 对，管孔式	17 对，管孔式	17 对，管孔式
		第三组集管	17 对，管孔式	17 对，管孔式	17 对，管孔式
8	上框架打开时间/s	高速（液压传动，行程 300mm）	3	3	3
		低速（螺旋传动，行程 700mm）	350	350	350

注意：淬火水压力/MPa 的数值应为 $m^3 \cdot min^{-1}$

10.3.3.1　辊式淬火机设备结构简介

辊式淬火机由供水系统、固定框架、移动上框架、升降系统、辊道和防撞检测装置等组成。辊式淬火机结构如图10-8和图10-9所示。

图 10-8　辊式淬火机纵剖面图
1—提升装置；2—尾部吹扫；3—固定框架

图 10-9　辊式淬火机横剖面图
1—固定框架；2—移动上框架；3—缝隙喷头；4—供水管

A　淬火机的供水系统

淬火机的供水系统分为高压和低压两部分，高压水（0.8MPa），直接由高压泵送到淬火机；低压水（0.4MPa）则由水塔供给。同时，水塔在设备出现事故或热处理车间突然停电时，能够为淬火机提供至少冷却一块钢板的冷却水。

淬火机第一段为高压冷却段，由三组冷却集管组成。第一组为一对上下水帘，第二组为两对三排喷嘴集管，第三组为六对单排喷嘴集管。高压段冷却的目的是通过大流量的紊态射流以超过临界冷却速率的冷却速度冷却钢板。

淬火机第二段为低压冷却段，由三段各 17 对孔式喷管组成。低压段冷却的目的是以较低的冷却速率进一步冷却钢板，以减小马氏体转变所产生的组织应力和热应力，并防止钢板的回火。

钢板在淬火过程中，淬火机上框架降低使钢板和上辊道接触，从而保证钢板顺利通过淬火机，以得到较好的平直度。

B　固定框架

淬火机的固定框架用来支撑供水系统、辊道、移动上框架、升降系统和检测装置等部件。

C　移动上框架

移动上框架安装在固定框架内，两侧有导轮，可在固定框架内上下移动。移动上框架用于安装上部的喷水集管和上部的辊道。

D　移动上框架的调节系统

（1）上框架安装在垂直导向架中，可由安装在横梁上的液压缸（100mm/s）和其上的电动螺旋升降机（1~2mm/s）传动来升降。上下框架最大距离能达到 1000mm。

（2）上框架高度检测。上框架高度由线性位置传感器检测，该传感器内安装有丝线和弹簧，传感器固定在上框架上，随上框架上下移动。

丝线头固定在固定框架顶端，如果上框架从最高位置下降，丝线从传感器中拉出，传感器给 PLC 一个位置信号。

上框架上升时，丝线借助弹簧的力量缩回传感器中。

在淬火机 4 个角安装有 4 个线性位置传感器。

E　防撞检测装置

防撞检测装置位于淬火机入口处，固定在淬火机的上框架上。钢板出炉后，首先进入检测区辊道，如果头部翘曲量大于淬火机上部检测辊的设定高度，钢板触碰检测辊后，上框架将依靠液压提升系统快速提升，以防止钢板损坏辊道或喷嘴。

F　辊道驱动

上下框架根据其在钢板运输线的不同位置安装有不同形状和直径的辊道。第一组是圆柱、大直径，第二组是小直径，第三组是螺柱辊，便于水流过。

辊道由三相电机驱动上下主轴和链条传动。通过锥齿轮，两根主轴各连接 5 根万向接轴，每根万向接轴通过链条驱动 5 根辊子。变频控制使淬火炉出口和淬火机两者速度保持同步，两个速度传感器分别安装在淬火炉最后一根辊子上和淬火机某一根辊子上。

G　水刮板和气吹扫系统

为了从淬火机中得到干板，在淬火机出口侧安装有橡胶刮板和风机，用于吹扫钢板上表面的水。该系统安装在淬火机可动的上框架内，空气由风机提供。

10.3.3.2　辊式淬火机的操作模式

辊式淬火机的操作模式有以下三种。

（1）连续淬火。在连续淬火操作模式中，钢板以恒定速度连续通过淬火机完成淬火。钢板通过淬火机的速度（淬火速度）取决于钢板厚度。钢板淬火时，淬火炉内出炉区辊道、淬火机以及淬火机输出辊道均以淬火速度运转。

微课：淬火机
的分类

（2）连续+摆动操作。随着钢板厚度的增加，钢板通过淬火机的速度将降低，当钢板达到一定厚度时，采用连续操作模式仍不能使冷却后的温度达到马氏体转变温度，这时就需要采用连续加摆动操作模式，使钢板在低压段以摆动模式进一步冷却，完成马氏体转变。在摆动操作模式下，钢板的长度不能超过低压冷却段的长度。

课件：淬火机
的分类

（3）空过模式。当淬火炉用于常化和回火处理时，由于淬火机不工作，钢板出炉后，应以较快的速度通过淬火机，以减小钢板对淬火机的热辐射。此时，上框架将保持在最高位置，并定期开启高低压段的旁通阀以冷却淬火机内的集管和辊道。

参 考 文 献

[1] 王国栋. 中国中厚板轧制技术与装备 [M]. 北京：冶金工业出版社，2009.

[2] 崔风平，孙玮，刘彦春. 中厚板生产与质量控制 [M]. 北京：冶金工业出版社，2008.

[3] 孙本荣，王有铭，陈瑛. 中厚钢板生产 [M]. 北京：冶金工业出版社，1993.

[4] 张景进. 中厚板生产 [M]. 北京：冶金工业出版社，2005.

[5] 何小丽. 浅谈中厚板生产过程的质量控制 [J]. 冶金与材料，2022，42（2）：155-156.

[6] 中国金属学轧钢分会中厚板学术委员会. 中国中厚板轧制技术与装备 [M]. 北京：冶金工业出版社，2009.

[7] GB/T 709—2019　钢产品分类 [S].

[8] GB/T 709—2019　热轧钢板和钢带的尺寸、外形、重量及允许偏差 [S].

[9] GB/T 709—2019　热轧钢板表面质量的一般要求 [S].

[10] GB/T 709—2019　钢板和钢带包装、标志及质量证明书的一般规定 [S].

[11] 孙卫华，孙浩，孙玮. 我国中厚板生产现状与发展 [C]. 2000 年中厚板技术信息暨轧辊技术交流会论文集，济南，2000.

[12] 黄庆学，梁爱生. 高精度轧制技术 [M]. 北京：冶金工业出版社，2002.

[13] 蔺文友. 冶金机械安装基础知识问答 [M]. 北京：冶金工业出版社，1997.

[14] 丁亚芳. 中厚板生产状况及发展形势 [J]. 冶金与材料，2022，14（1）：149-150.

[15] 孙一康. 带钢热连轧的模型与控制 [M]. 北京：冶金工业出版社，2002.

[16] 王廷溥. 轧钢工艺学 [M]. 北京：冶金工业出版社，1981.

[17] 王廷溥. 板带材生产原理与工艺 [M]. 北京：冶金工业出版社，1995.

[18] 曲克. 轧钢工艺学 [M]. 北京：冶金工业出版社，1991.

[19] 中国金属学会热轧板带学术委员会. 中国热轧宽带钢轧机及生产技术 [M]. 北京：冶金工业出版社，2002.

[20] 邹家祥. 轧钢机械 [M]. 3 版. 北京：冶金工业出版社，1999.

[21] 杨固川. 中厚板生产设备概述 [J]. 轧钢，2004（1）：38-41.

[22] 杨固川. 滚切式双边剪和定尺剪联合剪切机组的应用 [J]. 冶金设备，2003（2）：50-52.

[23] 贺达伦，袁建光，杨敏. 建设中的宝钢 5m 宽厚板轧机 [J]. 轧钢，2003（6）：36-39.

[24] 王有铭，李曼云，韦光. 钢材的控制轧制和控制冷却 [M]. 北京：冶金工业出版社，1995.

[25] 唐狄，武会宾. 我国高附加值中厚板产品现状与发展趋势 [J]. 轧钢，2012，29（2）：1-4.

[26] 赵刚，杨永立. 轧制过程的计算机控制系统 [M]. 北京：冶金工业出版社，2002.

[27] 喻廷信. 轧钢测试技术 [M]. 北京：冶金工业出版社，1986.

[28] 王峰，刘方方，郑宇. 国内中厚板生产现状与工艺变化 [J]. 云南冶金，2019，48（6）：61-65.

[29] 刘天佑. 钢材质量检验 [M]. 北京：冶金工业出版社，1999.

[30] 张筱琪. 机电设备控制基础 [M]. 北京：中国人民大学出版社，2000.

[31] 滕长岭. 钢铁产品标准化工作手册 [M]. 北京：中国标准出版社，1999.

[32] 冶金工业部信息标准研究院标准研究部. 钢板及钢带标准汇编 [M]. 北京：中国标准出版社，1998.

[33] 余文滔. 探索中厚板轧钢生产工艺设计技术 [J]. 冶金管理，2022（3）：1-3.